人生成為

突破自我設限的成就力

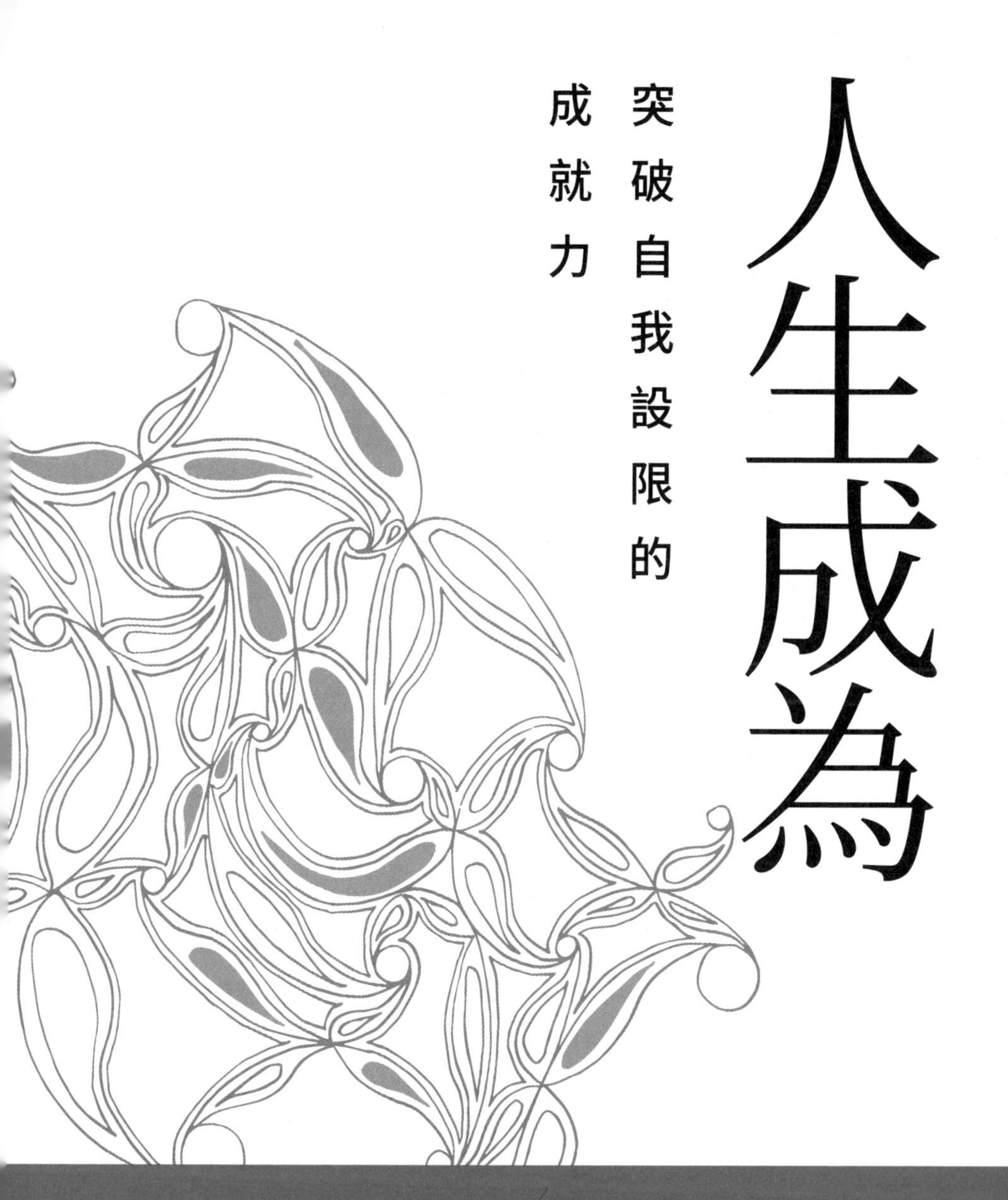

〈郝聲音〉主持人
暢銷作家／企業講師
郝旭烈——著

出生不能由我選擇，
人生必須由我選擇。

認爲影響了行爲，
行爲影響了成爲。

郝旭烈

各界讚譽

「郝哥整理了人生上半場的職場經驗，像個大哥一樣在你耳邊叮嚀，讓你有個指引，走出人生更好的路，也讓你透過人生『三為』，成為一個更好的自己。」

——**王永福**｜「簡報的技術」創作者、F 學院創辦人

「今生你想活成什麼樣子？
透過『三為』打破認知侷限、穿越小我恐懼；時時知行合一，持續成就你真心渴望的人生。」

——**洪培芸**｜臨床心理師、作家

「郝旭烈老師新作《人生成為》融合德國哲學家馬丁·海德格先生的存在哲學，透過認為（to be）作為（be）成為（being）三階段進化，引領讀者釐清心之所向並付諸實踐，達成人生理想實現豐盛生命藍圖。誠摯推薦！。」

——**趙胤丞**｜企管講師、顧問

「郝哥著作等身，新作《人生成為》帶領讀者透過『認為、作為、成為』三階段，探索並實現理想人生。書中以真實案例分享寶貴經驗，既富啟發性又具實用性。無論您徬徨於人生的十字路口，還是穩實安命，尋求成長，這本書都能幫助讀者找到成就豐足人生的那道光。」

——**楊斯棓醫師**｜《人生路引》作者

「成為理想中的自己，這句話不能只是想望，更需要行動。透過郝哥的三為原則，讓人得以築夢踏實。」

——**蔡宇哲**｜哇賽心理學創辦人

「你想成為誰？努力成為別人喜歡的樣子，不如成為自己喜歡的樣子。郝哥的新書《人生成為》，系統性地幫助你成為你自己！」

——**鄭俊德**｜閱讀人社群主編

CONTENTS

各界讚譽 006

作 者 序 邀您雕塑人生「三爲」 012

\一爲\ 認為 ──→ 釐清心之所向 019

1 人生由我：只能認命地生活和工作嗎？ 020

2 突破框架：如何不被社會框架限制？ 025

3 提升身價：什麼才是真正的鐵飯碗？ 029

4 從無到有：用積極度來填補零經驗 034

5 自我承諾：膨風能增加成功率嗎？ 039

6 成就價值：如何展現自我優勢？ 043

7 尊重有禮：有話直說的表達不好嗎？ 048

8 擁有選擇：應該先求有再求好？ 053

9 團隊建立：試用期是爲了培養契合度 058

10 時間無價：努力加班賣命才有前途？ 062

11 選擇更好：難道不能「做自己」嗎？ 068

12 專業價值：斜槓才有機會翻身？ 074

13 持續累積：如何面對迷茫和挫敗 080
14 關機放下：遠離社群通訊軟體的斷點 085
15 在乎人性：社群通訊軟體適合用來洽公？ 090

\ 二爲 \ 作為——決定身體所做 097

16 不同樣子：安於現狀一定不好嗎？ 098
17 幸福付出：職業婦女該如何取捨？ 103
18 成事在己：提供好點子不是我的職責？ 109
19 視野格局：換了位置也要換腦袋？ 114
20 衆志成城：責任歸屬的目的是什麼？ 120
21 人情世故：遇到小人背後捅刀怎麼辦？ 125
22 成長思維：艱難任務是磨練還是爲難？ 131
23 情緒管理：察言觀色是必須的能力嗎？ 136
24 一期一會：應酬不參與是不合群嗎？ 142
25 永續經營：應酬接不到生意怎麼辦？ 148
26 關係積累：同事之間是否能建立友誼？ 153

27 在乎關心：職場人際關係如何拿捏？ 158
28 休養生息：無止無盡加班是好事嗎？ 164
29 留白自在：如何避免拖延症的困擾？ 169
30 助人助己：職場上面不能功高震主？ 174
31 放手成長：工作是否應該事必躬親？ 179
32 自我激勵：成長是否必須要挨罵？ 184

\三為\ 成為 ——→ 得到生命所賜 191

33 團隊價值：邀功的眞正含意 192
34 善待當下：不仰賴他人，大餅自己畫 197
35 匹配差異：打破男女性別不平等？ 202
36 時間投資：加班的本質到底爲何？ 207
37 自己過好：該如何面對不公平？ 214
38 分析建議：遇上問題，你是阻力還是助力？ 219
39 多元思維：別人不採納我的專業怎麼辦？ 224

40 價值反饋：公司有義務要培訓員工嗎？ 229

41 換位思考：需要搞清楚老闆想什麼嗎？ 234

42 資源複利：如何衡量自己的績效？ 239

43 說到做到：應該答應被交辦的分外工作嗎？ 244

44 價值認定：如何評估工作價值？ 249

45 關注匹配：如何量化自己的工作價值？ 253

46 以終爲始：需要在乎結果還是過程？ 258

47 能力擴張：跳槽只是爲了增加薪水嗎？ 263

48 快速學習：如何提升自己不可取代性？ 267

49 先有再好：是否該拚命求好心切？ 273

50 樂於分享：別人都不知道如何好好用我？ 278

邀您雕塑人生「三為」

人生，本是各種不同角色的集合。

但是，我們
從來無法成為自己不知道的角色，
就像無法賺到自己不理解的財富。

財富，不止是金錢，更是分分秒秒裡，每個角色彙整的生命歷程。

小時候常常會聽到父母親長輩，耳提面命地告訴我們，一定要好好「努力用功讀書，將來才能找到好的工作。」

這句話前提假設，就是要把「努力」放在「用功讀書」上面，而用功讀書期待的結果，就是能夠找到一份「好的工作」。

只是，
努力一定須放在用功讀書，而沒有其他的可能？
努力一定為找到好的工作，而沒有其他的選擇？

每個人都是不一樣，
不一樣就是不一樣。

就像，
歲月，是把殺豬刀，
運動，是把雕刻刀。

時光的流逝，有人成為歲月摧殘過後三圍走樣的滄桑面容，有人卻因為運動保養成為三圍玲瓏有致的不老神話。

究竟自己手裡拿著的是一把什麼刀？又自己想要成為什麼樣的人？

本書就是想邀請您，一起來雕塑人生「三為」；一是「認為」、二是「作為」、三是「成為」，一點一滴的透過「三為」和時間淬煉，慢慢看見不一樣自己逐漸的升維。

認爲 ▶ 心裡所想

回顧人生各種不同的遇見，感受深刻體會的有兩句話：
沒有做不到，
只有想不到。

如果我生命中，不是因為結識大學宿舍室友，自己也許不知道，餐廳駐唱會是工作職場上可能的一種選擇。更重要是當室友邀請我去餐廳試唱的時候，我答應了，我願意試。

因為，至少我「認為」，自己有機會成為一位駐唱歌手。所有的「願意」和「認為」，是通往不同世界的任意門。

就像在我三十二歲的時候，有人邀請我去參加鐵人三項，我拒絕了，因為我認為做不到。然而，在我四十六歲的時候，有人邀請我去參加鐵人三項，我接受了，因為我認為做得到。

原來，最大的力量，從來
不是別人怎麼講，
而是自己怎麼想。

作爲 ▶ 身體所做

想是一回事，
做是一回事。

我很喜歡王陽明的「知行合一」。

因為「知道」是一回事，但知道只是開始；而當我們真正「做到」的時候，那個才是真知道。

就像我「認為」辭掉工作，當一個全職的家庭主夫，不是件難事。但是真正裸辭之後，開始在家庭主夫的這個角色上有所「作為」，才真正知道這份「工作」沒有想像當中的這麼簡單。

要承受別人可能以為，我是無業遊民的異樣眼光。
要開始自己安排，完全不熟悉的日常生活計劃。
要心理建設自己從一個很會賺錢的人，變成一個只會花錢的人。………

這所有可能，就算事前得以想像，但是再怎麼想像，也無法比擬真正落實到自己身上時，實際面對以及情緒的反應。

想，都是問題，
做，都是答案。

所有的認為之後，必須要有所作為，才會讓腦袋的想法，變成生命中的活法。

成爲▶生命所達

沒有一蹴可幾，
只有逐步累積。

很喜歡我健身教練所說：「不要急，慢慢來，只要持續不斷鍛鍊，半年到一年就會有小成，再過幾年就會有所大成。」

這就是所謂的——
沒有奇蹟，
只有累積。

記得剛開始騎腳踏車上陽明山，一次只能騎個六、七公里。後來不到幾個月時間，持續慢慢練，就這麼不斷的作為，終究也完成了八十幾公里的登山比賽。而接著鐵人三項，也是從短距離跑步和游泳開始。

經過了兩三年之後，竟也完成游泳 3.8 公里、騎車 180 公里、加上跑步 42 公里全馬的長程賽事，「成為」226 公里超級鐵人三項的過關者。

每個人都有小時候，
朱元璋也曾癩痢頭。

不要把自己的起點，
比上了別人的終點。

滴水穿石，
聚沙成塔。

總之，
認為影響作為，
作為影響成為。

誠摯邀請您一起來雕塑自己的「三為」；只要有心開始「認為」，並跟著想法，逐步行動有所「作為」，一定會讓自己蛻變，到想要的那個「成為」。

1

一為：認爲

釐清心之所向

1

人生由我

只能認命地生活和工作嗎？

主要觀念

過去不代表未來
未來由現在展開

有次在我新書發表會結束之後，一位讀者過來跟我合照，並在請我簽名過程當中，順便請教我一個問題。

他說如果原生家庭資源不多、不富裕，甚至有非常多生活上的困難，以致於讓自己在成長道路上沒有辦法像許多有錢家庭一樣，有足夠財富支撐栽培自己，那麼是不是生活和工作的選擇就只能夠認命一點？

簡單來說，就是如果出生時候家境不好，是不是在未來人生道路上的選擇和發展就會受限？

聽完他的問題，我難得肯定的直接回答他說：「當然不能認命。」

出生不能由我選擇，
人生必須由我選擇。

這就讓我想到曾經聽到過的一個小故事，敘述的是兩位出生在美國紐約布魯克林區貧困家庭的一對孿生黑人兄弟。

故事緣起是因為一位記者發現這兩位雙胞胎兄弟，雖然都出生在同樣的環境裡，但是長大之後境遇卻大相徑庭。

其中弟弟，成為了紐約知名律師事務所的資深合夥人，坐擁高薪、豪宅，和令人艷羨的幸福生活。

至於哥哥，成為了紐約著名黑幫的犯罪份子，逞兇鬥狠、喋血街頭，過著刀口上謀生的日子，後來因罪入獄。

因為好奇，這位記者特別安排進行了深度的訪談，想理解為什麼弟弟和哥哥，會走到了今天這樣不同境地。

在訪談弟弟的過程當中，記者問道弟弟是怎麼走到今天的「成就」？

弟弟說：「我從小生長在貧困的布魯克林區，家裡沒有任何資源，後來父母雙亡，在無依無靠的情況之下，所有生活都需要靠自己獨立打拼才能前進。

我除了拚命之外，還能夠怎麼辦呢？」

在訪談哥哥的過程當中，記者問道哥哥是怎麼走到今天的「罪囚」？

哥哥說：「我從小生長在貧困的布魯克林區，家裡沒有任何資源，後來父母雙亡，在無依無靠的情況之下，所有生活都需要靠自己獨立打拼才能前進。

我除了拚命之外，還能夠怎麼辦呢？」

記者聽完弟弟和哥哥的回答之後，除了震驚更陷入了深深的沉思。

因為兩個人之所以會有「成就」，又或者是成為「罪囚」，竟然所描述的理由是完全的一模一樣。換句話說，所謂的出身、背景，或者原生家庭帶給我們的一切，顯而易見並不是唯一影響我們未來的關鍵因素。

同樣的困頓和資源匱乏，對於弟弟來說，是激發他努力學習不斷向上的動力。

同樣的困頓和資源匱乏，對於哥哥來說，是逼迫他放棄正道走向黑暗的推力。

不同的認為，
不同的行為。

不同的行為，
不同的成為。

認為自己可以成為上流的人，就會透過行為的改變，讓自己成為上流的人。

認為自己只能成為底層的人，就會透過行為的改變，讓自己成為底層的人。

認為影響了行為，
行為影響了成為。

而這裡面最關鍵，也是最發人深省的概念就是不要拿過去當藉口，自己未來是由自己念頭做主宰。

過去不代表未來，
未來由現在展開。

思考練習

以身旁自己周遭的親友為例，找幾位白手起家，不管是在職場上有所成就，又或者是自行創業有成的人，詢問他們對於自己原生家庭沒有資源的看法為何？
出身不好或沒有背景，是否會對他們形成壓力，還是前進的動力？

2

突破框架

如何不被社會框架限制？

主要觀念

多嘗試才能不受限
多學習才有選擇權

很多認識我的人，都以為我是學財務背景起家的，後來知道我大學唸的是理工相關科系，都覺得挺訝異，然後問我，當初為什麼會選擇念理工？

我說，因為我是男的啊？

看著提問人，睜大眼睛詫異模樣，我會接著告訴他，這不就是我們已經習以為常的社會框架嗎？

在我求學時代，好像只要是男生，都會被「建議」去攻讀理工科系；至於女孩兒，則大都會被「建議」去唸文法商。

如果成績非常好，屬於學霸那一類型的，更多的會被家人們「要求」去唸醫學院。因為能夠穿上白袍，象徵的不僅是濟世救人，更重要是社會地位認可，以及可以預見到的豐厚收入。

重點是，這些所有「建議」和「要求」，如同「祖傳秘方」，都是一個時代接著一個時代的框架和認知，成為了每個人在求學和就業上的限制。

這些「建議」和「要求」，常常會凌駕於個人喜好和興趣之上，以至於個人常常在這樣框架之下，過了一輩子自己不喜歡的人生。那或許您會問，有什麼辦法能夠跳脫這種框架？其實答案很簡單，就是多嘗試和多學習。

多嘗試

許多人覺得如果多嘗試各種不同工作，可能被別人看做是「坐這山，望那山」，到最後怕會一事無成。但觀時下最流行的「斜槓」一詞，也就是同時擁有很多種不同技能，反而是讓大家欽羨不已的榜樣。

細品這兩種觀點，不覺得有點矛盾嗎？

其實，世界這麼大，有趣事物這麼多，如果不去嘗試，怎麼能夠知道哪些事情是真正的熱愛，又如何理解哪些工作可以真正讓我們發揮最大價值？

何況，即便是擁有正職，也可以額外有不同的喜好，不同的興趣。就像我非常喜歡的歌手羅大佑，他既是醫生，也是詞曲創作音樂家；知名講師侯文詠，他是醫生，也是膾炙人口暢銷書出版作家。

而我本身就讀大學期間，雖然有主修和專攻，我也持續不斷地去探索自己喜好，接觸各種不同工作。舉凡是家教、餐廳駐唱、多層次傳銷、電台主持、廣告配音，甚至是吧台助理，只要別人給我機會，我都會去嘗試。

重點是，我也沒有放棄學業、荒廢主修；可是，我卻不受限的看到了更多未來發展的可能性與多元性。

多學習

至於學習，本身便是延伸認知和突破框架一種最好的方式。如同我在台積電工作的時候，一開始在製造部實習半年，學習到很多生產製造的相關知識和流程。

後來在工業工程部門，又學習產能規劃、投資預算及專案管理。接著到財務部門，赴大陸任職，協助專案建廠，甚至處理相關公司設立的法務及人力資源事宜。

這點點滴滴的學習，看似沒有關聯，但是針對未來市場趨勢，以及決策視野，都成為了職場成長發展最好的養份。所以，每當有人問我怎麼樣才能夠不受限的突破社會框架。我都會告訴他們——

這個也試，那個也試；
這個也學，那個也學。

因為，

我們不可能成為我們不知道的人，
我們不可能理解我們不知道的事。

嘗試才有機會成為，
學習才有機會理解。

思考練習

回想在生活或職場，有沒有做過不是別人期待的決定，或是突破社會框架的限制，反而讓自己有美好感覺的經驗？

3

提升身價

什麼才是眞正的鐵飯碗？

主要觀念

與其是工作了十個一年
更要是工作了一個十年

剛開始在半導體公司工作的時候，身為一個新鮮人，不僅做任何事情都戰戰兢兢，更是抱持著隨時向前輩請益的態度，希望能夠少出錯、多成就，更重要是在未來的職場上面期待可以快速成長、獨當一面。

有次同部門前輩，也是我大學學長，極有效率地完成了一份艱難任務的工作，我忍不住稱讚學長，並且和他攀談了起來。沒想到聽見我的讚美，以及看見我的羨慕之情，並沒有讓他感覺非常喜悅，反而有點落寞的告訴我說，這不過就是他份內的工作而已。

而且他說這份工作已經做了這麼多年，雖然我覺得艱難，但對他來說卻很基本；換言之，如果連這點都做不好，反而是他要感到汗顏。

更重要的是他最後對我略帶幽怨地說了一句：「每天都做一模一樣的事情，我好像除了做這個之外，其他的也不會了。」

那次對話裡，我第一次隱隱約約體會到工作年限的長短，並不一定代表著能力的高低，又或者是價值的多寡。

尤其是那一句「除了做這個之外，其他的也不會了。」讓我感受到學長無奈之外，也驚覺如果這樣的工作一旦被裁撤掉或者是被什麼外來原因取代，那麼學長又該何去何從？

後來因緣際會在兩年之後，我晉升成了一個財會單位的小主管，而另一位同部門的長官在恭賀我之餘，也不忘耳提面命諄諄教誨了我一下。

他說在我們公司工作是莫大福氣，等於拿著一個鐵飯碗。只要乖乖聽話，很守本分的把工作給認真完成，做久了自然而然熟能生巧，升官加薪只是遲早的事情。

換句話說，他提醒我不要好高騖遠，不要騎驢找馬，不要三心兩意坐這山望那山，要不然反而會一事無成。

他還順便提醒我，按部就班的輪調完整個財會部門，每個部門好好待他個三年，應該就有機會往上攀爬晉升。

那個時候雖然才剛當上小主管，但咱家算數還是挺靈光，我算了一下財會一共有八個部門，如果按照這位長官所說，每個部門待三年，那麼我好歹必須經過 24 年，才有機會像他一樣當上財會主管。

24 年？那不就應該快退休了？

說實話，這位長官真是我的貴人。經他這麼一提醒，讓我立馬自願申請轉調大陸新成立的公司。

因為唯有如此，我才有機會在一個新設公司裡面，不到兩年時間，同時歷練了財會八個部門所有功能，甚至還接觸學習到了工程單位、法務、人事以及對接公部門涉外的難得經驗。

在那段短短的兩年時間當中，讓我深刻的體會到，

每個新嘗試的不同，
都讓自己變得不同。

與其工作十個一年，
不如工作一個十年。

而這也是為什麼後來從台積電到力晶、到淡馬錫、到創投各種不同的經歷，我都保持著樂觀「**願意**」的態度，接受多元不同的歷練和挑戰。

自己選擇了不同，
不同成就了自己。

這份體悟，讓我重新定義了所謂的鐵飯碗：

不是在一個地方吃一輩子飯，
而是一輩子走到哪都有飯吃。

靠人人倒，靠山山倒；
無論如何，靠己最好。
從靠公司，到靠自己。

把公司當鐵飯碗，會讓自己靠公司；
把自己當鐵飯碗，會讓公司靠自己。

總之，持續不斷增加自己的價值，讓公司需要自己、依賴自己；也讓自己在與時俱進的行業變遷當中，一直擁有主動選擇的機會，這個才是最靠譜的鐵飯碗。

思考練習

回顧自己一路走來的工作經驗，試著條列是否每年都讓自己的能力有所提升，價值有所突破？
又如果今天自己工作突然消失，或是非預期性被公司資遣，那麼自己有什麼應對的策略或價值，可以面對這遭逢的意外？

4

從無到有

用積極度來填補零經驗

主要觀念

成長是從無到有的過程
成就是從有到好的過程

在清華大學就讀的時候，最令自己感到驕傲事情之一，就是創立了國際經濟商管學生會的分會，簡稱 AIESEC。

猶記得一九九〇年代，清華大學還是屬於理工氛圍比較濃厚的校園，所以能夠成立這種經濟商管社團，而且後來不僅規模逐漸成長，還受到很多學子青睞，真是一份始料未及的美好。

由於這個社團是以每個校園為「分會」的概念，所以如果要成立清華分會，就必須要其他各個不同學校分會的認證和面試，經由層層關卡認可，才能夠順利成立。

這個過程，跟新鮮人去公司求職面試，要過五關斬六將，幾乎有異曲同工之妙。

以理工定位的清華大學，本身和經濟商管淵源不深，更沒有太多相關資源、課程，甚至是學生背景，讓這個社團有充分成立的先決條件。

所以剛開始和其他學校討論申請意願的時候，就遭遇了不少質疑，也有許多其他分會覺得我們資格不符，還不到申請成立的時機。

甚至建議我們，應該等到更多經濟商管相關科系在校園內設立的時候，再來進行成立分會申請會比較適當。這就跟我在半導體產業工作了十多年之後，接著去金融機構面試申請工作，被質疑沒有相關經歷資格是一樣道理。

別人最簡單、最直接的質疑，就是「從來沒有經驗，怎麼能夠勝任」？

然而當時一心一意堅定想成立這個商管社團，所以看到他人的質疑，直覺上就把它當成是方程式的解題；心想雖然題很難解，但總要試試。放到現在來說，即為我常掛在嘴上的：

想，都是問題，
做，都是答案。

而且，什麼叫做「沒有這樣子的資格，所以資格不符？」那如果一直沒有讓自己有資格，不就永遠資格不符嗎？

因為沒有，
所以要有。

這麼簡單的概念，讓我開始像個傳教士般，向清華大學內學子們分享成立社團的好處，以及可以讓我們理工背景學生，在求學階段能夠有不同的視野和看見。

說到底不管學生將來是要做什麼工作，甚至是想要創業，商業和管理的概念，肯定是越早具備越具有優勢。

不管三七二十一先做了再說，帶著這股衝勁，記得我大概講了兩百多場大大小小的分享和演講，接著成立了幾十人規模不算小的社團，然後拿著這份成績去其他分會匯報和申請。

與其光說，
不如就做。

其他學校分會，看到短短幾個月內已經有這樣子成績，不僅覺得訝異，更是開始紛紛拋出橄欖枝，願意跟我們學校合作辦活動，並且表達歡迎加入分會的邀請。

回頭想想，如果當初因為其他分會說資格不符，我就放棄的話，那麼便沒有後來所有美好的故事和各種人生的遇見。

沒有人生下來就什麼都會，
所有的會都是從不會開始。

這次的社團申請經歷給了我很大的體會和啟發，那就是如果沒有經驗，乾脆讓自己直接「從無到有」，把握各種不同的小機會，先累積經驗再說。好比與其等待其他學校的允諾，倒不如先招募社團成員，讓其他分會看見我們的積極和想要。

只要從無到有，
就能從有到好。

後來不管是工作上各種不同的新挑戰、新職位，每當別人問我如果沒有經驗要怎麼能夠勝任的時候，我便會把這段故事拿出來和他們分享。

當然更重要關鍵，是在日後每次爭取到機會的時刻，必須很認真、很用心再把每次機會努力的認真付出，才能變成下次機會來臨時，可以持續驕傲說嘴的經驗。

所以，什麼是經驗？

經驗其實就是成長到成就的過程，
經驗其實就是求有到求好的歷練。

因為想要，
所以得到。

思考練習

回顧過去自己人生旅程，是否有曾經因為沒有經驗而被拒絕的時刻？
想想看當時自己是怎麼應對？而透過這篇文章，又會有什麼樣不同的思維？

自我承諾

膨風能增加成功率嗎？

主要觀念

不是因為厲害才開始
而是因為開始才厲害

記得 2003 年剛被派赴到台積電上海廠工作，公司一切是從零開始，所有員工當然也都是重新在地招募。

雖然號稱護國神山的台積電如今舉世皆知，不過那個時候，在大陸的第一個工廠位處上海西邊松江的偏僻開發區，知道的人很有限，因此招募並不如想像中容易。

儘管公司要求面試的履歷，沒有硬性規定需要怎麼樣的資格，但是希望大學畢業以上學歷，對於咱這個財會部門人員的要求，感覺上也算是個基本門檻。

萬萬沒想到，我的第一位面試員工，竟然是自己帶著履歷找上門的「專科生」。

他的名字我到現在都還清晰記得，叫做陳厚元；黝黑的皮膚，理著小平頭，個兒頭雖然不高，精神卻非常飽滿。

重點是他一說話就有濃濃台灣國語口音，剛開始還以為他是來自於台灣的老鄉。後來才知道他故鄉是福建武夷山旁的一個小村落，平常語言類似於咱們常聽的閩南語，所以說起話來才會倍感親切。

看到他毛遂自薦的履歷，上面清清楚楚寫著「專科」畢業，於是很客氣地告訴他，我們希望是大學學歷的資格。

他聽完我的委婉拒絕後，一點都不以為意，反倒誠懇又堅毅的告訴我，雖然他只有專科，但工作能力絕對不比大學程度的人來得差。並且和我商量，他願意免費不收工資幫忙一個禮拜，相信絕對不會讓我失望。

聽著他有點「膨風」的陳述，儘管很難判斷大學生是否真比專科生來得好，但是他這種熱切的想要和強烈的意願，確實觸動了我，所以就答應讓他試試看。

沒想到他不僅製作傳票、報告、歸檔，處處表現得細緻認真、井井有條。更重要的是，他雖然真有些東西剛開始不如大學生（例如系統的操作和建置），但每天晚上和週末假日，他都會加班留下來拚命自學，在短時間之內幾乎完全上手，迅速成為個熟手，在我心目中甚至比大學生還強。

理所當然，他就此成為我團隊的第一號員工。

這讓我想到稻盛和夫剛開始創立京瓷的時候，因為不容易接到訂單，所以每當有些客戶的供應商做不出來產品，而試探性地詢問稻盛和夫的京瓷是否能夠接單時，稻盛和夫幾乎都會義無反顧地說自己可以做到，有能力承接訂單。

有時這樣子承諾，確實超過稻盛和夫公司實際能力，也就是有「膨風」之嫌，所以他的朋友很不解地問他為什麼要這麼做？難道不怕被別人當成是欺騙？

後來稻盛和夫回覆他，答應了卻做不到才叫做欺騙，如果我答應了他，就算能力尚未許可，但是一定會全力以赴完成我對客戶的承諾，那麼就不是欺騙，何況我也都會把過去的成就和經歷據實以告。

而當我完成客戶承諾的那一剎那，我不僅沒有欺騙，對客戶有所交代，而且能力也同時提升了。

不是因為厲害才開始，
而是因為開始才厲害。

我們從來不是出生就什麼都會，所有能力和自我價值，都是一點一滴與時俱進的。

如果「膨風」的目的，是在前行過程當中樹立一個想要但尚未達成的目標；而心中相信並且全力以赴告訴自己一定要達標。那麼，膨風就不是欺騙，而是一種對他人承諾的預見，一個更好自己的看見。

思考練習

想想看自己是否有過答應別人的承諾，實際上超過自己能力可以負荷的水平？而這樣子的承諾，自己是怎麼樣去面對的？

6

成就價值

如何展現自我優勢？

主要觀念

別把工作當將就
要把目標當成就

幾位就讀研究所即將要畢業的學弟妹安排和我一起聚會，希望在步入職場之前彼此交流，看看怎麼樣能夠讓求職的過程順利進行。

而我也藉這個機會邀請各行各業成就不錯的好友，希望給這些即將踏入社會新鮮人，多一點不同的角度和觀點。

既然是即將踏入職場，所以如何撰寫履歷表，甚至是面試能夠順利過關，贏得主考官青睞，是許多人想要理解的課題。

所以當一位學妹提出「怎麼樣可以在履歷撰寫上面，又或者是面試過程當中脫穎而出？」的問題時，幾乎所有學弟妹們都頻頻點頭，期待著資深前輩們給大家解惑。

這時候在我心目當中非常尊敬的一位大哥聽完之後，很貼心地覆述了一次問題，得到了這位學妹的確認，才很有禮貌分享他的經驗。

有趣的是，他並沒有直接回答問題，反而陳述了三組不同面試者，分別是業務、採購，以及財務會計人員。

他每組各舉例兩位面試人員，不管從履歷表或者面試內容都呈現了不同陳述，然後詢問大家，會做出怎麼樣的選擇？

①業務

業務 A：擔任業務工作相當長的時間，經驗豐富，不管是與客戶交流，建立客戶檔案，追蹤客戶喜好，以及操作訂單系統等作業流程都非常熟練。

業務 B：從事業務三年時間，從第一年開始公司全年業績 1,000 萬的 20% 就是由他所貢獻；第二年便升任為公司業務主管，且帶領團隊經過兩年時間，將業績成長到 5,000 萬。

②採購

採購 A：曾任知名上市公司資深採購人員多年，非常熟悉各種不同的採購方式以及採購流程，對於系統操作及防弊規範都有多年經驗。

採購 B：同樣身為知名公司的採購將近五年時間，透過自己建立的淡旺季物料需求模型，以及和供應商建立供貨互惠合約，讓他在擔任公司採購五年之間，不僅未發生缺料斷貨情況，並且在付款條件等同於業界的情況下，讓採購成本便宜 5% 到 7%。

③財會

財會 A：從事財務會計經驗多年，不管是發票驗證、傳票開立、系統 ERP 操作，甚至是每月以及年度報稅，協助會計師查帳等等事務，都可以熟練的進行。

財會 B：身為財會人員近八年時間，除了日常既定工作之外，更關注流程改善，以及公司運營預測所搭配的資金需求。

因此在過去八年間，共進行了五項重大流程改善專案，在公司業績成長一倍的情況下，仍使得財會人力維持不變。並且因為現金流預測得宜，讓公司免於缺錢風險，且資金成本低於同業平均水準。

當老大哥陳述完這三組的面試人員之後，不疾不徐地問我們大家，針對 A 和 B 之間我們會如何選擇？

結果有趣的是幾乎所有人都選擇三組裡面的 B 人員。

然後，他笑著對我們說：「看來大家的共識還是蠻高，而且也可以感受到其實面試從來不是件難事，而且每個人心中的一把尺，也沒有這麼難衡量。

不管是公司也好、個人也罷，我們希望一起共同合作的夥伴，從來不是只把工作做完就好了，而是真正能夠成就一些事情。而這些成就，如果是有數據的衡量當作目標，那麼我們會更有方向性。

目標就是我們提供的價值，而數據的方向性，就是共同前進的動力。」

當他說完之後，每個人都非常一致地點頭認同。而我也在筆記上面寫下了兩句話：

別把工作當將就，
要把目標當成就。

想想我們如果掛在嘴巴上針對工作說法，是「混一口飯吃」、「是糊口的事」；那麼這種將就的態度，又怎麼能夠讓我們有成就動力，帶給公司或企業更好的價值？所以，

不要將就，
而要成就。

就是提升我們自己最好的優勢，也是既在乎自己、也在乎他人，團隊成員最需要互利共贏的獨特價值。

思考練習

試著回想不管是面試的時候，又或者是向別人自我介紹的時候，我們是純粹簡單陳述自己會的事情，還是能夠展現我們對別人提供的價值？

7

尊重有禮

有話直說的表達不好嗎？

主要觀念

面試需要資訊透明的溝通
溝通需要尊重有禮的表達

周遭有許多老闆，尤其是新創公司的企業家，會和我分享他們招募人才的小故事。而在不同版本故事當中，似乎又常常透露出一些相似且讓老闆有點感冒的場景。

其中最常出現交集的情節，不外就是現在年輕人，非常敢於在面試的時候，表達自己在求職上的想要，以及公司可以為個人提供什麼樣的好處和福利。

每當說到這裡，許多老闆都會流露出不可置信的神情，並訴說自己年輕求職的時候，根本不會也不敢如此直白地表達對公司的期望，反倒更希望公司知道自己可以提供什麼樣的價值。換句話說，這些企業家老闆真正想要表達是一種「時不我予」的感覺。

以前舊時期是「人求事」，而這些企業家的角色是那時候的「人」。

至於新時代是「事求人」，而這些企業家的角色是這時候的「事」。

所謂此一時彼一時，但不管是那時還是這時，企業家老闆們都是站在「求」的一方，也難怪會有「時不我予」之感。

後來有次和一位企業家吃飯，他很疑惑地問我說，是不是現在年輕人的價值觀跟以前不一樣了？只想著自己的好處，而不把公司利益，還有為公司的付出放在重要的位置上面？

聽完之後我哈哈大笑，然後問這位企業家朋友說：「如果公司因為您的付出而非常賺錢，但是既不給您高額獎金，也不幫您升官加薪？那麼您還會把公司放在心中最重要的位置上面嗎？」

這位好友幾乎是不假思索地回覆：「這樣的公司不要說不

會放在心上，我連留都不想留。」

我說：「那就對咯！」

公司想要找到好人才，是為了公司自己著想；而個人想要找到好公司，也是為了個人著想。公司之於個人和個人之於公司，就是「匹配」的關係，也是人之常情、互利共贏，更是商業價值交換的本質。

就算以前舊時期的我們，雖然在面試的時候沒有「說」出對於公司的期望，以及自己可能得到的好處。但是，這並不代表我們在心中沒有這樣子的「想」要；畢竟，公司和個人雙方都要互相創造價值，才能讓合作長長久久。

既然心中有這樣的想法，卻沒有說出口，那麼最後結果只有兩個。

一是公司的對待能夠滿足員工期望，那麼在彼此匹配的狀況之下，能夠走得較為長遠。

另一個就是公司最終不能滿足員工心中的想要，結果員工在發現了不匹配的狀況之下，選擇掛冠求去。

我想所有的企業和個人，一旦面試成功，都希望是能夠滿足對方的好歸宿、好選擇，並且可以彼此創造價值、互利雙贏。

但如果是因為彼此沒有明說，造成了過度不切實際的期待，而變成快速結合又快速離職的結果，那就形成了職場上的資源浪費。

換句話說，不論是公司或求職者，在提供訊息或者面試過程中，盡量讓彼此資訊和期望透明清晰，才是降低徵才、求才誤判風險的關鍵。

因此，「說清楚，講明白」，本質上就是降低溝通成本的關鍵。至於「有話直說」四個字，真正意義應該是怎樣在互相尊重且有禮貌的表達之下，傳遞彼此的訊息。

畢竟如果因為「直說」而「失禮」，不僅是面試不得體，甚至也不符合做人基本道理，又怎麼能夠獲得公司或者是面試官的青睞，甚至成為團隊中合適的一員呢？

面試需要資訊透明的溝通，
溝通需要尊重有禮的表達。

思考練習

試著找一個好友或者夥伴，練習在「有話直說」的情況之下，還能夠讓對方感受到您的尊重和有禮。

8

擁有選擇

應該先求有再求好？

主要觀念

想要有個好選擇
先要有很多選擇

記得有次在研究所上人力資源管理課程的時候，一位同學特別請教老師，請他分享職涯規劃是怎麼樣進行的。

沒想到老師劈頭不經思索地回答，說他現在的工作從來不在職涯規劃裡面，擔任教授這個角色純粹是美麗的意外。

他認為本質上，職涯很難去做規劃。畢竟就算是想到某個公司或某個組織去任職，也要對方在那個時間點有適合的位置提供給你才行。

想想看我們在找工作的時候，常常需要投非常多的履歷，不就是因為擔心理想的工作沒有辦法一蹴可幾？所以說白了，他認為所謂的職涯規劃，就是好好珍惜每份工作，在每份工作上好好認真學習和吸收養分，然後等待下一次來臨的機會。

何況誰能夠知道在工作的職涯上，我們不會碰到從來沒有想過的機會？

當我 2012 年回來台灣的時候，給自己設定的目標是先當個為期一年的家庭主夫。雖說家庭主夫聽起來不是個正式工作，但在我心目中也是個偉大的角色。

畢竟從職場的高階經理人裸辭，並不是一件容易的決定和選擇。但也因為這樣子的一個角色，才讓我有更多時間、更大彈性去探索未來各種不同的工作職涯。

不管是往後的創投執行合夥人，又或者是擔任企業講師、線上課程老師、寫書成為作者，甚至是「郝聲音」Podcast 以及廣播電台主持人，這些都是做著做著因為有了些許成績之後，被看見、被認可，才讓自己有了更多機會。

所以，如果沒有讓自己「有」被看見的緣分和機運，也就沒有辦法讓自己有更多不同的「好」遇見。

要先「有」，
才有「好」。

就像小的時候常常會寫作文描述「我的志願」，但等到長大之後，通常實際工作和當初想法差距可能不僅十萬八千里。

其中一個很重要的原因，當然是隨著時代演變，工作樣貌會與時俱進。例如，以前高速公路還有收過路費的收費小姐，但是當 ETC 取代人工收費之後，這樣子的工作就算想找也找不到了。

另外，隨著時間推移，我們會看見更多「不同」工作樣貌，並成就我們「不同」能力，所以在更多「不同」的經驗積累之下，也會形成更多「不同」的喜好，進而做出更多「不同」的選擇。

知道更多的不同，
才能夠有所不同。

所以，

想要有個好選擇，
先要有很多選擇。

其實職場就跟生活飲食一般，是持續不斷探索、嘗試不同的過程。如果沒有領略多樣的食物，便不會知道對美好滋味做出好的選擇。

就像我喜歡的 YouTuber「老高和小茉」這對夫妻檔，有次聽他們自述，才知道原來老高會開始做影片，也純粹是無心插柳。

老高原來是一個 IT 資訊工程人員，而且極為熱愛他的工作。後來因為他的老婆小茉非常喜歡聽他說床前故事，說著說著，因為老婆覺得他說得太好，建議他乾脆分享到網路上。

沒想到就因為「有」這麼個開始，結果後來「好」到變成馳名的知識網紅。

雖然一開始的「有」，並非老高職業生涯上的必要選擇，但是因為後來的發展實在太「好」，以至於他重新在職場上面做了不同但是更好的選擇。

因此，「先求有，再求好」指的就是，
先求有選擇，
再求好選擇。

其實，所有選擇都是一樣，
要有選擇，
才有選擇。

思考練習

以自己為例，想想過去的經歷，有沒有在持續不斷地變換生活或工作方式的過程當中，找到從來沒有在人生計劃當中的喜好，反而成為非常珍貴的新選擇？

9

團隊建立

試用期是爲了培養契合度

主要觀念

有意願能力才會工作結緣
有良好默契才會工作長久

常常和很多創業家還有主管聊天時，大家都會把「招募人才」掛在嘴邊，當成是個很重要的經驗分享。

尤其有句老話「請神容易送神難」，似乎也直接點明了，要把人找進來很容易，但要請走不適任的人卻沒這麼簡單。

但是，為什麼要請神的時候「容易」，然後搞得送神難？難道請神的時候不能多動點心思，就不至於需要送神，或讓送神容易一些嗎？很多人會回說：「有啊，公司試用期，目的就是為了這個啊。」

不過「試用期」，到底試的是什麼，真的對公司和個人而言有用嗎？

所謂企業，就是一個「團隊」，而團隊的定義便是要擁有共同目標（Common Goal）。為了達到共同目標，所有團隊成員必須具備三個很重要的要素，分別為「**意願、能力和默契**」。

通常來說，只要員工願意來公司進行工作和面試，他是一定有相當「意願」的，至於「能力」，也可以從履歷表，以及員工過去經歷清晰理解。唯有「默契」這個要素，沒有辦法單從履歷表，或者過去工作的團隊回饋，來得到確切答案。

我常常聽到很多老闆跟我分享，有許多受到推薦的人才，雖然在一家公司裡面非常優秀，但不見得到了另外一家公司，就保證有同樣卓越的表現。

畢竟，每個公司文化不同、規矩不同、要求不同、氛圍不同、行為不同，甚至每個團隊組成在公司內部待的時間長短不同，自然所形成感情也不盡相同，這就形成了一個公司默契建立的多元變數。

有的團隊容易接納新人，有的新人容易融入團隊，那麼默契自然形成的比較快。萬一碰到團隊不容易接納新人，又或者是新人不容易融入團隊，那麼默契形成肯定就比較困難。

但是試用期，真的可以解決這個問題嗎？

曾經有位創業家告訴我，他非常喜歡用的新人有兩種，一種是派遣公司的高端人才，一種是學校新進的短期實習生。

我問他為什麼？

他說因為這兩種人，都沒有試用期，只有正式的短期合約，換句話說，短期合約就是試用，而試用不合格，過了合約期，只要不續約就好了。換句話說，「送神」變得非常容易。

我又問，這跟一般試用期有什麼差別？

他說，東方人講究情面，一旦正式員工招募進來，就算試用期不盡如人意，通常也不好直接送走，都會想給對方一個機會，再留一陣子試試看。然後，留來留去就留成了仇。

反觀高階派遣人員或實習生，如果合約期滿，雖然不盡滿意，你想要再給他機會，再繼續續個短期合約即可。如果真的覺得適合作為長期的正式員工，就算用高薪聘請或挖角，排除掉不確定的默契因素，不適任的風險也會大幅降低。

對於雙方的決策來說，都能避免讓情感的因素陷入其中，更加的有彈性和空間。

成功是團隊的事，
變強是自己的事。

公司和員工會開始結緣，是彼此認知有同樣的意願和匹配的能力。公司和員工會走得長久，是因為默契的建立和彼此的融入。

思考練習

針對職場試用期概念，除了在工作上面，還有什麼其他場合方式，可以當作是「默契建立」的案例？

時間無價

努力加班賣命才有前途？

做自己時間的導演
做自己人生的主角

有次演講結束之後，一位身著西裝精神抖擻的帥哥聽眾過來和我攀談，詢問我說身為職場工作者，是否應該拚命努力加班，才能夠出人頭地，讓前途光明無限？

聽完他的詢問，我分享如果是因為非常喜歡這份職業，又希望工作上能夠精進才拚命加班，那麼等於是投資時間提升自己身價，感覺就會很值得。

但假設是純粹為了賺錢，希望透過更多工時來增加收入，那麼就要想想到底這樣的賺錢，靠得是「時間」還是「時薪」？

因為，就算是同樣想多賺錢——

時薪若高，花時間少；
時薪若低，花時間多。

畢竟，
財富無限，
生命有限。

金錢可以越賺越多，
時間只會越花越少。

記得很喜歡的一本書《小島經濟學》（*How an Economy Grows and Why It Crashes*），就是用寓言方式來分享工作和時間價值。

在書中剛開始，描述小島上每個人每天最多只能捕一條魚，雖然可以自給自足，但是捕一條魚的時間一旦消耗掉之後，也沒有多餘空閒去做其他更多事情。

直到其中有位島民突發奇想，決定發明更有效的工具，擺脫每天費時費力，卻只能捕到一條魚的窘境。

他餓了幾天肚子，偶爾向鄰居討一些東西吃，但不花時間去捕魚，反而是花時間製作漁網。就這樣在幾天過後他完成了漁網，並突破了每天只能捕一條魚的限制，可以在一天之中捕好多條魚。

如此一來，不僅每天可以比原來捕獲更多的魚，多出休息時間，去從事自己想要做的事情，還可以把多捕來的魚賣給其他島民，幫自己累積更多財富。

換句話說，這位島民同樣很努力工作，但是在努力之餘，也試著思考用不同方式增加工作效率和效能，並在同樣工作時間之下提升了更高的價值。

也就是利用同樣時間，賺取更多收入。而時薪一旦增加，就能擁有更多時間。

不僅增加時薪，
更是增加時間。

另一本我非常喜歡的好書《納瓦爾寶典》（*The Almanack of Naval Ravikant*），作者瑞克．喬根森（Eric Jorgenson）描述矽谷天使投資人暨創業家納瓦爾（Naval Ravikant）也是在很年輕的時候，便給自己設定了一個時薪高達5,000美金的目標。

他持續不斷地把這樣子的目標，告訴身旁周遭的親朋好友。然而，如此的「遠大」目標，並沒有換來別人支持，反而更多是看笑話的冷嘲熱諷，以及潑冷水的訕笑。

但就像納瓦爾自己心中篤定的認知，不管目標看起來多麼遙不可及，都是拿來給人設定的；而且目標不僅是為了達成，更是為了開始。

如果其他人設定的目標是時薪50美金，又或者是500美金，那麼他們只會去尋找達到50美金，又或者是$500美金時薪的工作或職業。

正因為他設定時薪5,000美金作為目標，所以他就會非常努力的去尋找如何達到這個目標的工作或方法。就算沒有辦法真正達到時薪5,000美金的工作，但肯定有更多機會比一般人的時薪來得高。

畢竟，如果從來沒有設定明確目標，又怎麼能夠達標？

沒有目標，無法達標。

而真正重點對於納瓦爾來說，時薪 5,000 美金，相較於 500 美金，又或者是 50 美金，不僅在單位時間能夠獲得更多收入，更關鍵的是別人需要工作花費將近十倍，甚至百倍時間，才能夠獲取和他同樣財富。

那麼以這種更少時間，來取得更多財富的工作模式之下，他就可以有更多時間去嘗試生命中各種不同可能性，甚至去涉獵更多不同職場領域的機會，當然還包含更多學習時間，來提升並創造自己價值。所以我常常告訴自己，

與其埋頭苦幹，
更要抬頭苦幹。

認真工作的時候，不要忘記常常抬起頭，看看有沒有更多嘗試的機會，讓自己有更多的遇見。而抬頭的意義，並非是要三心兩意，而是在生命的道路上，讓自己有更多的選擇權。

選擇，是為了——
做自己時間的導演，
做自己人生的主角，

思考練習

在求職過程當中，除了月薪、年薪概念之外，是否曾經把「時薪」概念加入工作職場的選項中？

試著思考如果把自己時薪提高十倍，甚至百倍，會有哪些不同工作面貌的可能性？

而多出來的時間，又可以讓自己去做哪些想做，卻因為沒有時間，而無法做的事情？

選擇更好

難道不能「做自己」嗎？

不選擇做更差的自己
要選擇做更好的自己

剛開始在餐廳駐唱成為歌手，是才屆滿二十歲的大學生，衷心雀躍但也誠惶誠恐。

猶記每次上台出場，心裡都拚命想把歌曲唱滿唱好，所以一個小時駐唱下來，時薪雖然只有區區 160 元，但經常可以唱到 16 到 20 首歌曲，總感覺就是應該這麼唱，才對得起老闆。

可是放眼其他歌手每次上台，歌雖唱的不多，但時薪卻比我高個兩三倍，開始覺得老闆有點虧待自己，是老闆的問題。

尤其看到這些比我時薪高的歌手，他們台下粉絲竟然還比我多，就認為這些觀眾實在是不懂得欣賞我，是觀眾的問題。

而自認為都是別人的問題之後，我就安心地說服自己，只要好好「做自己」就好，不用在乎別人的想法和作法。

直到有次一位年輕資深歌手，好心與我分享他的經驗，告訴我可以試著和台下客人交流互動，嘗試理解他們來到餐廳的原因。

例如是生日或是好友聚會，以及喜歡聽的歌曲，然後選擇他們心儀又合宜的曲目獻唱；或許這麼一來客人就會開心，老闆也會開心，而歌手自己在跟著客人、老闆開心之餘，時薪也可能會水漲船高的有著意想不到的驚喜與開心。

後來，我就試試看照著做了。

沒想到才不到一兩個月時間，我不僅粉絲增加，小費增加，連時薪都翻了一倍。

真是一不小心，大家都開心。

最重要關鍵是在開心之餘，發現了唱歌的意義，不僅僅是唱歌，更是與別人在同樂過程當中，找到自己付出的成就感。

原來，

與其在別人身上找問題，
不如在自己身上找答案。

◆

類似故事，後來又發生我在台積電工作的時候。

原來我是擔任工業工程師的角色，所以不管是流程分析，產能、製程及品質相關的項目，都屬於日常熟悉的工作。後來因緣際會轉到了財務會計部門，一開始的工作就是要擔任大陸新公司的財務模型建構和預測。

這個對我而言，是一個陌生的開始，不僅僅是從其他人手中拿來的 Excel 財務模型，從頭到尾是完全不懂；更重要的是好多時候，連基本的數字我都要確認半天有沒有念錯。

例如，數字每三個零就會加上一個逗點，方便辨識數額大小是多少。三個零是千，六個零是百萬，但超過六個零以上，我的腦袋就昏了，而又這麼剛剛好台積電的財務數字，還真就很少有在六個零以下。

所以剛開始接財務工作的那段時間，常常發生各種不同的出錯和受挫，讓我懷疑自己是不是不適合做這份工作。

甚至思考是否應該回頭做工程師，又或者是乾脆回去唱歌，才是真正「做自己」。

後來我老闆感受到了我的不快樂，很認真的找我懇談，我也很直接的告訴他我的不快樂，以及可能對這份工作的不適合。

他認真的聽完後，告訴我說：「你現在的不快樂，可能是因為你還不懂、不理解、不熟悉這份工作。或許你可以花點時間試著搞懂他、理解他、熟悉他，再決定你是否適合他。」

後來，我就試試看照著做了。

接著，我花了一兩個月的時間，認真重新研究了這份財務模型。才發現這份原始 Excel 財務模型裡面有很多錯誤，很多累贅，甚至是不需要的舊有資料和假設。

結果我重新建置了一個新財務模型，不僅讓原來的系統執行時間從 20 分鐘縮短到只需要 2 秒鐘。更重要是所有的資料維護，我用非常簡單的方式，寫成了一張 A4 紙的標準操作流程，這樣別人學習理解的時間，可以只要一天就上手。

而這麼一來，幾乎我的團隊每個人都可以勝任這份工作，我就可以挪出時間來學習並擴展自己的職能範圍。

與其做個抱怨將就的自己，
不如做個願意成就的自己。

後來，每當有人詢問我說在職場上是不是應該要「做自己」？我就會問他：

是要做更好的自己？
還是做更差的自己？

是做被選擇的自己？
還是能選擇的自己？

生命之所以有意義，
從來不是你做了多少事，
而是你主動做了多少事。

主動，就是要能掌握自己的選擇。
做自己？

與其被動，被問題束縛；
不如主動，找答案鬆綁。

職場和生活一樣，都是一種選擇。

不選擇做更差的自己，
要選擇做更好的自己。

如此而已。

思考練習

回憶在職場或是生活中，有沒有因為碰到挫折或不快樂的時候，決定用「做自己」而停止前進？
當聽到別人說要勇敢「做自己」時，您認為「做自己」三個字代表著什麼意義？

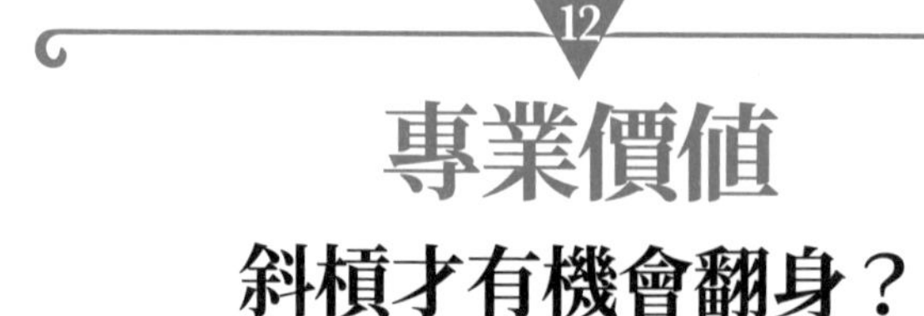

專業價值

斜槓才有機會翻身？

主要觀念

斜槓不求同時樣樣會樣樣鬆
斜槓應求逐步樣樣會樣樣通

從我擔綱台積電工業工程師開始，工作內容包括工廠產能規劃，後續需要花多少錢的資本支出預測，以及單位成本計算，直到後來內部轉職到財務會計部門，在整個職涯裡面，跟金錢或說數字相關的管理工作，就是離不開的日常。

後來輾轉到了力晶半導體集團擔任總經理特助，以及合資公司瑞晶電子的經營企劃處處長，負責策略規劃及重大投資，也脫離不了財務數字和現金相關的管理範疇。

更不要說接著參與淡馬錫集團在大陸的各種不同金融服

務，以及後續創投界琳瑯滿目產業公司的評估，都脫離不了和財務數字和相關的投資決策管理。

也因為這個多年的財務背景，後來每當有公司邀約，請我針對財務領域進行線上課程的錄製，都感覺是順理成章的事情。

畢竟，這本來就是我的專業價值。

後來財務課程影片上線，運氣很好的又得到了三采出版社的青睞，詢問我是否可以把影音內容試著做點修正、改成文字形式，然後出版成為書籍？

當時接到這個邀約，不僅立馬答應，而且還開心的想：「這不就是一舉兩得的最佳寫照嗎？」

畢竟，這本來就是我的專業價值。

既然線上我都可以教課，而且被這麼多人看見，就有專門承接企業內部訓練的管理顧問公司來詢問，看我是否可以進行實體的線下企業內訓課程？

當時接到這個邀約，不僅立馬答應，而且還開心的想：「這不就是一舉數得的最佳寫照嗎？」

畢竟，這本來就是我的專業價值。

然後當疫情突然來臨席捲全世界，線下的課程幾乎全部停擺，可是學習的需求永遠都在。

因此就有好友詢問我，是否可以進行線上的直播教學，或者開立所謂的 Podcast，透過不用接觸的線上方式持續分享，讓更多人接觸到財務相關，以及策略管理的訊息或知識。

聽到這樣子的建議，又是立馬答應，而且還開心的想：「這不就是一舉多得的最佳寫照嗎？」

畢竟，這本來就是我的專業價值。

◆

我從原來企業財務高階經理人，到成為線上課程講師、書籍出版作者、後續進行企業內訓、線上直播教學，以及接著的「郝聲音」Podcast 主持人，其實在整個過程當中，核心的財務和策略管理價值，是一直不變的支撐主軸。

因此，一開始當別人問我怎麼會有機會，或說有能力做這麼多「斜槓」的事情，我腦筋是一下子轉不過來的。

畢竟，在我認知裡面，所有「專業價值」並沒有太大變動，都是將財務策略的「知識內容」傳遞給大眾，只不過是用各種不同方式去呈現而已。

尤其，時間和注意力是極為稀缺的資源，所以當用各種不同方式去呈現知識內容，主要目的都**不是分散價值，而是複製價值**。

當然在做著做著之間，生產各種不同型態知識內容的過程當中，也會衍生出讓自己成長的各種多樣化技能。例如，寫書的文字輸出、企業內訓的口條臨場互動、線上直播，以及 Podcast 主持功力等等。

但這些對我而言，最初都不是刻意花時間去培養才有所成。而是為了在各種不同情境之下，呈現我的財務和管理專業，才慢慢練習養成。

如果沒有支撐底蘊的財務和管理專業，我也很難有個核心價值在各個不同的載體上面（如：書籍、線上課程、直播和

Podcast），去贏得用戶關注，進而轉成可以化作工作或職業的收入來源。

所以，每當有人問我說可不可以透過斜槓來增加收入的時候，我就會說「斜槓，不是為了斜槓而斜槓」。

與其分散價值，
不如複製價值。

如果因為分散時間和注意力，而降低了自己提供給別人的專業價值，那麼這個斜槓就不容易增加自己的收入。

反觀如果在專注提升自己專業價值的過程當中，因為不同呈現，而增加了其他更多元的相關專業價值，例如：我從財務管理領域，擴展到寫作、教學和主持——那麼這種斜槓，就有機會藉著提升自己更多專業價值，進一步帶來更好的收入。

斜槓不求同時樣樣會樣樣鬆，
斜槓應求逐步樣樣會樣樣通。

思考練習

以自己目前工作為例，列出核心專業價值主要為何，並看看是否有什麼其他不同的方式，能夠呈現這個專業價值。而這些不同方式的呈現，是否可以增進額外的多元專業價值？

13

持續累積

如何面對迷茫和挫敗

主要觀念

持續行動就會成長
累積輸出就有成就

每當有人問我，當初從淡馬錫集團高薪離職裸辭，回來台灣變成一個家庭主夫，是不是心中已經擘劃好了什麼偉大藍圖？

通常這時候我心中會不由得一陣苦笑，很老實地對詢問者說：「真的是什麼都沒想，沒有計劃，然後就回來了。」

當然如果說完全什麼都沒有想，也似乎太矯情，畢竟當初最直觀的理由，就是想裸辭暫時不工作，希望有多點時間花在身體健康，還有家庭關係親子陪伴上面。

但是，「想像很豐滿，現實很骨感」。

持續在職場高壓環境中忙碌了將近快二十年，所有名片、抬頭及職位一下子不見了，還要自己去面對和安排每個未知明天，在突然變化如此大的情況之下，大大小小迷茫和挫敗，接踵而來。

尤其是每當有人問說:「您現在在哪裡高就啊？」的問題。我心裡那種覺得自己類似無業遊民的恐慌感，就會像海浪般無情的迎面撲來。

直至後來讀到《與成功有約》（*The 7 Habits of Highly Effective People*）這本書，史蒂芬・科維引用羅斯福總統夫人的一句話：「沒人能傷害你，除非是你願意。」讓我即時打開了心結。

畢竟，所有的選擇都在於我自己身上，所有的感受和認知都源自於我自己的內心。

既然我現在的工作就是過好身為一個照顧自己健康和陪伴老媽、小孩家人的角色。那麼我所「高就」的地方，就肯定不是過去的大公司、大企業，而是為我自己和想要的生活來「高就」。

一旦想清楚、想明白之後，我第一件做的事情便是盤點自己有什麼資源，再接著計劃未來要做的事情。

而我最寶貴又擁有的資源，在那個時刻就是「時間」。

以前最常掛在嘴上的「沒有時間」，反而是回來放下正式繁忙工作之後，所擁有、所掌握，能夠自主運用的寶藏。

擁有了時間之後，人生才有更多機會，更多選擇，更多主動決定自己生活方式的可能性。

這樣子的思維，讓我後來的人生如同打開潘朵拉的盒子，各種不同於以往的生活方式，如花團錦簇般接二連三的綻放。

比方說，騎自行車上陽明山、跑馬拉松、挑戰超級鐵人三項、錄製線上課程、開始擔綱企業內訓講師、出書成為作者、主持音樂沙龍音樂記者會、網路直播、廣播主持人，以及「郝聲音」Podcast 主持人等等，這些從來不在人生計劃內的體驗和經歷，在生命當中慢慢幸福遇見，放送精彩光芒。

想，都是迷茫，
做，都是光芒。

這過程當中，對我最大的體會，就是在迷茫狀況之下空等、空想，任由時間慢慢流逝，只會讓自己有更多焦慮和更多不安。

最好的方式，反而是在擁有時間的狀況之下，多給自己各種不同領域嘗試的機會；讓自己接觸更多元事物，找尋熱情，建立成就感。

更重要的是可以讓自己「留下」些什麼，也就是讓自己「輸出」些什麼。

舉例來說，每天寫點文章，每天運動過後、線上學習在 App 上打卡，每天讀書完畢之後寫下幾句話心得，每當很認真的做了一些超越期待的事情，用相片或文字記錄留念，這些都是成長、成就的「輸出」。

只要輸出，
就是勝出。

因為每一次的輸出，都是對自己改變承諾的展現；也是自己日新又新，超越自己的勝出體驗。

持續行動就會成長，
累積輸出就有成就。

所有的迷茫和挫敗，大多來自於「想得太多，做得太少」的無力感和空虛感。

只要不斷嘗試行動，加上「視覺化」的輸出，相信就能享受持續成長和累積成就所帶來的滿足感和踏實感。

思考練習

試著想想自己的工作，每當完成時候，有沒有任何「視覺化」的輸出成果？如果沒有的話，可不可以想想如何設計看得見的輸出樣貌？

14

關機放下

遠離社群通訊軟體的斷點

主要觀念

要讓工具成爲幫手
別讓工具成爲枷鎖

2007 年底是我職涯中非常大的轉捩點，因為離開了工作將近十多年的半導體產業，轉赴完全陌生不同性質的金融業。

記得當我帶著緊張又期待心情在公司上任的時候，其中讓自己感覺確實換了產業的象徵，就是公司發放了個黑莓機給我。

當時黑莓機，在認知當中是類似金融產業的高端經理人，才會擁有的配備。所以當手裡拿著黑莓機把玩時，心中的小雀躍和驕傲感可想而知。

但是殊不知看起來幫助自己的載體，竟會成為控制自己的工具。

自從拿到黑莓機那天起，每當收到訊息或郵件，機身頂端的小紅燈就會閃爍不已，而我也會不由自主地拿起機子開始閱讀訊息或郵件。

這樣子的動作，幾乎是下意識或者無意識地即時反應，就連在會議當中，又或是和別人在對話，甚至是在進行其他工作的當下，都會被這個小紅點點給打斷。

更可怖的是這個小紅點點，不只是視覺上的提醒，他還伴隨著輕微的聲響，在聽覺上面也不時發出警示，避免讓我們錯過任何訊息或郵件的傳遞。

在黑莓機「聲光」雙管齊發的夾擊之下，不僅讓白天的工作隨時受到干擾，就連晚上睡眠也無法一覺到天明。

才不到一個多月的時間，這個原來我認為是身分地位象徵的工具，就成為了夢魘。而我整個人的精神狀態，也因為持續的睡眠不足而變得毫無生氣。

但事後想起來，卻也感覺這是老天爺給我的一個最美好禮物，因為它讓我「覺察」自己需要做些改變。

所以，有一天在我要上床睡覺之前，我就很果決地把這黑莓機給「關機」。

重點是我將它關上之後，並沒有在第二天的早上開機，而是讓它乖乖地躺在我抽屜裡面，很認真的把它給「放下」，彷彿從未存在一樣。

讓我驚訝的是沒有了黑莓機的日子，似乎也沒有任何驚天動地的影響和波瀾。

當別人透過訊息找不到我，或者是我的回覆沒有讓他們覺得很即時的時候，他們就會直接打電話找我了。要不然我還是可以透過在辦公室電腦，又或者是秘書的資訊傳遞，讓我可以不受打擾的依照自己工作步調完成所有計劃。

經過這次寶貴的經驗，我有了深深地體會，那就是工具固然重要，但更重要的是要讓工具成為自己的幫手，而不是生命中的枷鎖。

要讓工具成為幫手，
別讓工具成為枷鎖。

後來黑莓機式微之後，取而代之的智慧型手機，就不再是高階經理人的專利，反而是每個職場工作人員，甚至是每個人的生活工作必備工具。

然而除了消費娛樂的功能之外，社群通訊軟體在智慧型手機上的角色，幾乎和當初黑莓機的功能如出一轍。

所以每當有人問我，下班之後怎麼樣才能夠擺脫社群通訊軟體的壓力，甚至造成工作和生活被打斷的不良影響？

我就會很誠懇地把我這段經驗和他分享，並且告訴他「關機」和「放下」是很簡單卻也很關鍵的做法。

關機是避免五感的誘惑，
放下時避免情感的誘惑。

關機讓自己眼耳看不到、聽不到，
放下讓自己心裡不去念、不去想。

如此一來，工具——

才能真正「幫」我們，

而非過來「綁」我們。

思考練習

看看自己在運用社群通訊軟體的時候，是不是會被他的聲音、震動又或是「未讀」的提示所影響？

如果刻意讓自己隔一段時間再看訊息，而不是隨時被訊息干擾，看看對自己的生活工作進度會不會產生任何影響？

在乎人性

社群通訊軟體適合用來洽公？

不要把溝通的多維度
依賴在軟體的單維度

曾經看過一篇網路文章，說一位年輕的兒子帶著老父親去銀行辦事，在銀行大廳排隊等待過程當中，兒子問父親為什麼不用網路銀行就好了，這樣子省事又方便。

父親看著兒子語重心長地說，如果他所有辦事都靠網路，那麼他就不需走出房門。

這麼一來，他就會經常一個人。

如此他就沒有辦法像剛才來銀行辦事的路上，和熟識的幾個朋友打招呼。

這些熟識的朋友，不僅多年前看到母親在路邊昏倒的時候，因為知道他們住在哪裡，而把她緊急送回家。

更重要的是，父親前一段時間因為身體不適，沒有常常出現跟朋友打招呼，這些朋友竟然主動上門去問候父親。

更不要說父親在出門走動的過程當中，還可以透過運動讓身體變好、變健康，甚至還可以和這些熟識朋友聊天話家常，感受那份生活當中溫暖的人情味。

這些點點滴滴人與人的接觸，都無法透過網達成。

就像有句著名的廣告詞，「科技始終來自於人性」，美好的時間就應該花在人的身上，而不是花在設備上面。

而這也是很多人在使用社群通訊軟體的時候，最容易一不小心把手機或者通訊軟體當成溝通主角，而忘了真正的對象是有血有肉的人們。

所以很多人問我，職場上怎麼使用通訊軟體才是比較恰如其分的做法？

我會說，只要想著**人與人之間溝通**所需要的「三度」，也就是**態度、溫度和角度**，便會知道如果沒有辦法達成這「三度」的目的，就不要隨意用社群軟體來做溝通。

①態度

只要想想人與人之間的日常對話，我們可以很有畫面的知道，不管是語言或者是文字，從來不是唯一主要溝通或訊息傳遞的方式。

其中包含面部的表情，肢體的動作，甚至是眼神以及裝扮，都可以顯現出對方是用什麼樣的態度在面對我們。

這個態度，有時候甚至都不需要說話、不需要文字，可能只是一個眼神、一個點頭，便能讓雙方不言自喻；而這種多元訊息傳遞的方式，就不是通訊軟體能夠輕易達成的。

②溫度

常常在工作上面，我也會利用通訊軟體建立群組，進行集體的溝通。

群組裡面大家回話時候看起來非常簡潔有力，例如「好」、「嗯」、「是」、「收到」、「知道」、「理解」等等，然而這種看不到表情的回覆，感受不到對方的溫度，常常會有種冷冰冰的感覺。

但這種溫度是雙向傳遞，如果詢問的人在字面上的表達傳遞不出溫度，那麼回答的人也可能因為感受不到暖意，而用冰冷的語句回饋。

久而久之這種負向循環，很有可能讓雙方更不想要有進一步的溝通。那麼這種沒有溫度的距離感，就會拉開團隊彼此歸屬，不利於彼此共事的默契，以及合作的意願。

③角度

通訊軟體的文字表述，主要都是為了追求效率和節省時間，以方便達到快速溝通為基礎。

既然是為了方便，又是為了快速，那麼自然在結論上只說重點就是主要關鍵。

至於結論背後的假設也好、觀點也好、角度也好，就不是這麼容易在紙短情長的情況之下清晰的表達。然而角度的不同，彼此結論會有所不同，那是合情合理。

不過，溝通的盲點就在於大家都希望結論是一致，是相同的。而在結論不一致的情況之下，我們常常直接感受到的不是角度不同，而是對方在和我們唱反調。

所以我常說，
不一樣未必唱反調，
不一樣只是不一樣。

因此除了在乎結論之外，更要關注結論背後的角度，而這個也是通訊軟體常常在追求言簡意賅的情況之下容易忽略的。

總而言之，溝通不僅僅是語言或文字的訊息輸出，他更包含著態度、溫度和角度的傳遞。

所以，除非可以貼心又細心的在通訊軟體文字上面加上「三度」的核心價值；要不然或許把時間花在人與人之間的「直接」相處互動上，會比透過手機「間接」的溝通，更能夠建立和諧的人際和團隊關係。

思考練習

回想自己過去在工作職場上，有沒有因為社群通訊軟體的溝通而造成誤解或是不快的經驗？

而這些經驗裡面，有沒有是因為文字解讀的錯誤，以及沒有清晰表達態度，溫度和角度所引起？

2

二為：作爲

決定身體所做

不同樣子

安於現狀一定不好嗎？

主要觀念

沒有人應該成爲什麼樣子
每個人本來就有不同樣子

多年前去歐洲旅遊的時候，有次要搭乘電梯到一棟非常高的建築去登頂遙望，而電梯裡面有位員工，負責幫所有遊客在緩慢登頂過程當中協助導覽。

從進電梯開始，我們所有人就被他洪亮的歡迎嗓音所震懾，然後看著他一臉的快樂神情，連帶著我們所有人的心情都跟著感覺到溫暖和幸福。

因為電梯上昇的速度非常慢，所以他帶著我們看電梯窗外的鳥瞰美景，除了解說之外，偶爾也讓我們有片刻的寧靜，好好欣賞居高臨下的雄偉風光。

趁著他沒有解說的空檔，我和他閒聊，詢問他擔任這份工作有多少年了。

他一臉驕傲的回答我說：「35 年了。」

聽完後我一臉訝異的忍不住請教他說：「您不會覺得這樣的工作太過重複單一，而且沒有變化？」

雖然我問得很客氣，但是他也應該聽得出來，我心中真正的疑問是「每天做一樣的事情，不會覺得太無聊嗎？」

結果這位看起來應該是至聖先師孔子所說「從心所欲」將近 70 歲年紀的大叔，不疾不徐地對我說：「每天的客人都不一樣，怎麼會重複單一？每年四季從窗外看出去的景色都不一樣，怎麼會沒有變化？

我在這裡工作了 35 年，從來沒有一天是一模一樣。

對我來說，每天都是不同的樣貌，每天都是嶄新的開始。說實話，每天在這個電梯裡面，對我來說真的是開心極了。」

看著他一邊笑著，一邊手舞足蹈的和我分享著他真誠又簡單的答案，那種表情好像真就是第一天上班一樣。

我可以深深感受到，他是真心這麼覺得的，對他來說，每天都是一個新的開始。這次經驗，讓我徹底轉換了自己既有的框架，也就是把自己的想像，有成見的加諸在別人身上，是一件不智的事情。

我們常常覺得力爭上游，在職場上面持續不斷的努力升官封爵，才是一個工作應有的樣子。但是，每一個人都不一樣，都是獨特的，那麼既然都是不一樣，又是獨特的，又為什麼要活成同一個樣子？

就像電梯裡的大叔，
與其活成別人的樣子，
就該活成自己的樣子。

後來自從我開始騎自行車，幾乎一年到頭的路線都如出一轍，要嘛就是風櫃嘴，要嘛就是陽明山的冷水坑。以至於有不少的朋友問我說：「都騎一模一樣的路線，不會覺得膩嗎？不會想要一點變化嗎？」

每當這個時候，我就會想起那位歐洲的大叔，然後很誠摯地回答問我的朋友：「每年四季山上的花草樹木都不一樣，每次騎車經過身邊的遇見從未相同，怎麼會覺得膩，怎麼會沒有變化？」

看不到變化，就覺得沒有變化，
看得到變化，就覺得很有變化。

所以後來常常聽到有人會評價，針對一些長期工作職位沒有變化的人說：「要不要做一些不一樣的嘗試？畢竟一個人的工作內容，不應該太過於安於現狀。」

這時候我會分享那位歐洲大叔的故事，還有莊子「知魚之樂」的典故：

我們不是水中的魚，
怎能理解魚的快樂？

我們並不理解他人，
因為我們不是他人。

況且社會經濟的運作，本來就是各種不同位置的各司其職，本來就是各種不同工作的各安其位。

所謂「安於現狀」，本來就是應該要多元化的樣子。

存在各種不同樣子，
才是應該要的樣子。

就是「安於現狀」，我們才能在現狀當中感受平安。

思考練習

以自己工作崗位為例，看看過去曾經在同樣職位所待的期間，是否就算相同工作執掌，也會因為資歷經驗不同，而產生不同的樣貌？
並試著回憶看看這些不同樣貌，是否對自己工作態度影響也會有所不同？

幸福付出

職業婦女該如何取捨？

主要觀念

付出和幸福不是誰的事
付出和幸福就是我的事

桃園市平鎮區有家知名的「員外爆漿車輪餅」，老闆娘是我認識將近三十多年的老朋友。

其實當我認識她的時候，認真說起來她還只是個小女孩，因為我是她英文補習班老師，而她是我的學生。

原來她從學校畢業之後，任職工作是自己喜歡的護理師，而且接觸的都是婦產科孕婦以及剛出生可愛的小寶貝。所以工作雖然時間非常緊湊，但是心靈卻非常開心，畢竟這是她熱愛的選擇。

不過隨著結婚以及兩個孩子的出世，忙碌工作讓她思考是否可以花多一點時間陪伴孩子和家人？最終，她毅然決然地去重新學習製作車輪餅的手藝，並在家附近開啟了創業旅途。

貼心的老公、兩個懂事的公子，還有在背後支持長輩們，都是讓她一路走來最大的後盾。雖然看起來車輪餅店是她一個人創業，但是家人的協助和不時的陪伴，其實這份工作本質上也是一種生活。

而且因為很多的事前準備工作也都在家完成，所以平時家務事和工作點滴也常常結合在一起，感覺生活的本質似乎也是一種工作。

工作本質是一種生活，
生活本質是一種工作。

這也是當初她辭掉原來護理師的主要原因，因為她想選擇一種可以跟家人相處更多時間的工作和生活方式。

記得她剛開始創業的時候，我還傻傻地問她怎麼知道如何製作車輪餅。然後她笑著大咧咧的告訴我：「我是護士耶，我哪知道怎麼做車輪餅，啊只要學就知道了啊。」

選擇都從想要開始，
學習就有更多選擇。

這讓我想起久遠記憶中，在眷村裡面「家庭代工」的場景。

記得小時候，在后里火車站後面的仁里村，所有來自四面八方的軍人袍澤和眷屬，齊聚一堂、住在一塊，形成了大時代難得一見的眷村文化。

適逢台灣經濟慢慢起飛，很多的外貿生意正在蓬勃發展，在生產線投資還不是那麼盛行的年代，靠著人力勞動進行生產，就是個最划算且有效率的方式。

不用自己養人力，把工作外包給類似眷村家庭，就是很多公司的優質選項。

所以那個時候，常常看到家家戶戶，都在同一時間點，做著同樣的外包工作，例如：編織貓頭鷹手工製品、包裝聖誕燈或彈珠禮品等等。

最重要的是，全家大小扶老攜幼，要嘛吃飯做家務，要嘛坐在一塊做外包，生活和工作幾乎是一件事。

每當回憶這一段過往，我都有深深地體會，那就是原來人生賺的資源不僅是金錢，更是寶貴的時間。

如果工作的時候，不僅賺到自己想要的收入，還能夠賺到自己的熱愛，以及和自己喜歡的人彼此之間陪伴，那麼就是件無比幸福的事情。

所以曾經有人問我，身為一個「職業婦女」要如何來取捨工作與家庭之間時間分配的困境？聽到這樣子的問題，也讓我非常困惑，因為職業本質上本來就不分男女，而在家庭責任分擔上，也本來就不分男女。

所以職場上不是只有「職業婦女」，也有「職業男士」；就像有「家庭主婦」，也有「家庭主夫」，是一樣的道理；這樣的名詞只是一種角色定位。

但即便是家庭主婦，又或是家庭主夫，全身心投入在家庭的過程當中，本質上的工作內容從來不亞於在職場上面打拼的人們。

因為家庭主婦和家庭主夫角色，就像公司裡面最重要的幕

僚和後台單位，唯有幕僚和後台做得好，在前面打拼的業務人員才能夠心無旁鶩的成就業績目標。所以，

「職業婦女」、「職業男士」？
「家庭主婦」、「家庭主夫」？

如同公司是一個團隊，家人也是一個團隊，底層邏輯不管是男、是女，要一起分擔經濟，也一起分擔家務。

要有付出，才有獲得。

不僅工作如此，家庭也是如此；家事付出，陪伴付出，家人才會有更深的凝聚力，才能享受付出之後共同的幸福，而這也是付出之後最大的價值。

付出，不只誰的事，
付出，更是我的事。

因為，
幸福，不是誰的事，
幸福，就是我的事。

思考練習

看看自己家中成員，是否在工作還有生活上，彼此付出有男女認知的差異？如：家事就是女生該做，而男生不需要負擔？

如果有的話，您覺得是否需要改變？

如果要改變，應該如何改變？

18

成事在己

提供好點子不是我的職責？

主要觀念

人生是自己走出來
創意是自己做出來

剛進入職場時，常常聽到「官大學問大」這句話。

很多時候，說這句話想要表達的意思可能是「跟著老闆意思做準沒錯」，也就是老闆說得好，老闆說得對。當然也有人認為這句話是逢迎拍馬，又或是略帶諷刺老闆，自以為是、目空一切的概念。

但無論如何能夠當上老闆或領導，或多或少都具備了過人資歷或經驗，也就是「學問大」的機會確實比較高。

不過，也有人問說，是不是因為老闆的學問大，所以任何工作上的創意或發想，全部交給老闆就好了？

曾經讀到一篇稻盛和夫的文章，這位經營之神年輕時，參加過另外一位經營之神松下幸之助的演講。

演講過程當中，松下幸之助先生特別強調「水庫式經營」，而這個水庫的概念在於鼓勵企業要累積足夠的資金，不要讓自己陷入現金流不足的險境。

這時候台下有觀眾很不滿意地質問松下先生：「這些道理我們都知道，但是能不能告訴我們，怎麼樣才能建構累積這些資金的水庫？」

沒想到松下先生沉默了一下，竟然對大家說道：「這個你們可要自己去想啊！」

聽到這麼樣的一個答案，所有人都譁然了，覺得松下先生有說好像沒說一樣。

但是坐在台下的稻盛和夫先生，聽完之後竟心中為之一震，他心想松下先生說的太有道理了，畢竟每個人的產業不一樣、公司不一樣，而且經營狀況所面對環境也不一樣，一定得自己好好認真想，才能得出屬於自己累積的資源，以及通往成功的途徑。

別人想是別人的事，
自己想是自己的事。

微信剛推出網路支付系統的時候，他們的「微支付」一直苦思於怎麼和阿里巴巴的「支付寶」相抗衡甚至超越，但是所有管理團隊都知道，這是一項艱鉅且不容易跨越的任務。

就在 2014 年春節前夕，這一群不到 10 人負責支付系統相關推動的小團隊工程師們，為了應景推出了一個在微信群上面搶紅包的小程序。

剛開始這個由工程師們的「興趣」所自己想出來開發的工具，並沒有讓大家抱著太大的期望；但是在聊天群裡面分享紅包的這種有趣驚喜，卻帶動了所有大眾在群裡面玩這個小程序的興致。

要玩這個小程序發放紅包，就必須開立「微支付」的帳戶功能，所以微信在短短的時間之內，流入了將近 800 萬的用戶使用微支付。後來連阿里巴巴的馬雲，都說微信紅包是極為成功的一次行銷逆襲。

最重要的是這麼一個創意發想及行動的落實，並不是由上到下的老闆指導，反而是由下到上的員工主導。

成功可以由上至下，
成就也能由下至上。

就像我的好友劉又誠，他從學生時代就非常喜歡魔術，進而在持續不斷鑽研的情況之下，成為一位職業魔術師。

後來因緣際會想要去看看世界，他隻身前往澳洲進行打工度假的計畫。而在 2017 年 6 月回國之前，因為想要留下深刻且特殊美好的回憶，決定和好友在澳洲來個長途騎行的探索。

沒想到朋友臨時喊卡，於是他決定自己踏上征途。當他準備獨自踏上騎行旅途的時候，突然他想了想，自己在台灣也曾經騎車環島過，要不然這次乾脆就用雙腳「走路」好了。

結果一走，從墨爾本到雪梨，走了 43 天 1,300 公里。然後，2017 年 11 月到 2018 年 8 月，他又從上海走到了西藏，走了

10 個月將近 5,100 公里；2019 年，又從河北平泉走到了甘肅張掖，耗時更短，僅八個月就走了 6,000 公里。

接著因為疫情的關係，暫時終止了一段他原先從北京走到葡萄牙的計劃。直到 2023 年 12 月，又完成了甘肅張掖到塔吉克杜尚別，徒步帕米爾高原 4,500 公里的壯舉。

這所有的一點一滴，都不是別人要求，更不是別人命令；沒有老闆，沒有領導，是因為他想要，是因為他願意。

自己想就去做，
自己做就會有。

我道路我走出，
我人生我做主。

思考練習

在職場或工作的領域，除了老闆交辦的事情之外，有沒有因為自己興趣，或者自己的想要，在工作的過程當中有了讓自己喜悅的成就，或是推動團隊更大的成功？

視野格局

換了位置也要換腦袋？

主要觀念

不同位置就有不同遇見
不同高度就有不同看見

因為家就住在陽明山腳下，所以開始騎自行車之後，騎上陽明山成為我非常喜歡的一段享受運動及美景的旅程。

有趣的是，就拿從山腳下故宮博物院到冷水坑及至大屯山助航站這段路來說，爬升近一千多公尺，二十多公里路程，除了一路上登高能看見各種不同風景，更重要的是，就連氣候和溫度，也會逐漸讓你懷疑是在不同的國度。

明明山下還是溫暖和煦的艷陽天，騎著騎著到了半山腰就很有可能烏雲密布，甚至到了山頂，還變成是濃霧瀰漫、大雨滂沱。

好幾次騎到半路上，遇見迎面而來下山的自行車車友，好心地提醒說，不要再繼續往上騎了，山上氣候不好，可以換個路線比較安全。

尤其是剛開始騎車，對不同山上高度會有不同溫度的這件事情，沒有概念。然後在不聽老車友叮嚀的情況之下，身著單薄車衣就直接騎車攻頂。

在上坡滿身大汗的過程中，身體還沒有任何不適感受，甚至覺得自己穿得少是明智的決定。直到要下山的時候，那種低溫加上寒風刺骨的痛苦經驗，才深刻體會到什麼叫做「不聽老人言，吃虧在眼前」。

所以說，騎車上山──

不同位置，就有不同的遇見，
不同高度，就有不同的看見。

不同遇見，就有不同的想法，
不同看見，就有不同的做法。

在職場上，也是同樣的道理。

剛進入職場成為新鮮人過程當中，我運氣很好，遇到非常棒的啟蒙老闆，讓我知道和老闆的想法不同，就像騎車登山一樣，是因為看見遇見的不同，而會有想法做法的不同。

一切的「不同」，本質上就是個登高成長的過程。

每當我和老闆意見相左，他便會苦口婆心告訴我說：「你可以試著了解為什麼我和你的意見不同，試著站在我的角度跟觀點來重新判斷事情，並且做決策。」

記得那個時候在台積電工作，在計算成本時我非常納悶，為什麼老闆要將產能的利用率定在85%，而不把機器的產能用好用滿？

因為身為新鮮人的我，認為如果把產能用滿，不僅同樣時間可以生產更多的產品，讓產品單位成本下降。

而且生產更多產品，就可以讓採購有更大量的議價空間，連帶著使原物料享有更多折扣。更不要說因為生產更多產品，還能在同一時間增加更多銷售量，使收入大幅增長。這麼一想，不是應該讓產能利用率越高越好嗎？怎麼還會保留個15%的空閒，放著大好的賺錢機會不賺？

當我把這樣子的疑問和老闆分享之後，他微笑地對我說：
「機器和人一樣，除了工作之外也是需要休息的啊。

如果把產能利用率給用滿，當然在短時間之內可以賺到更多的錢，但如果機台因為沒有定期保養維修，也就是讓機器休息，以至於機器因為過度使用而損壞報廢，那麼這樣子停工所造成的後果可就得不償失了。

而產能利用率的 85%，就是根據過去經驗，讓機器有 15% 的休息保養時間，反而讓我們整體的獲利能夠達到最大的一個關鍵條件。」

說到這裡，記得老闆還特別提醒我說：
「就和我們人是一樣的道理，雖然你現在很努力拚命工作，是非常好的態度，也是很積極的表現。

但是也要注意身體健康，適當給自己休息和『留白』，要不然把身體搞壞了，或者累到精神不濟，不僅績效沒有辦法更好，也會打亂團隊整體的工作節奏。」

這樣的觀念對於當時年輕氣盛，以及急欲求表現的我來說，其實是非常不能夠理解和接受。

所以雖然我把老闆的囑咐放在心裡，卻沒有身體力行。

直到一年多後，因為自我要求太高，工作負荷量太大，以致於身體發生不適，甚至心裡產生抑鬱症狀，才透過問診諮詢，在治療痊癒後重新把放在心裡的老闆叮嚀，當成是工作生活上指導方針。

小時候曾經聽過一句話，叫做「養兒方知父母恩」，在說其實每個人都是當了爸媽之後，才開始學怎麼當爸媽的；而對身為爸媽的個中體會，通常也只有當了爸媽之後才能夠理解。

所以「換了位置，換了腦袋」，從來就是非常符合邏輯的事情。

不管是職場或生活，碰到意見不一樣，真正需要在乎的從來不是結論差異的本身，而是理解是否有角度觀點或者是格局視野上的不同，才會讓我們能夠有更寬廣的看見和遇見。

成長就從理解不同開始，
成就就從學習不同開始。

思考練習

在工作職場上有沒有和老闆意見不一致的時候，結果事後發現是自己的想法和思慮不如老闆或上司來得周全？
如果重來一次，可以用什麼樣的方式讓自己有更周全的考量？

眾志成城

責任歸屬的目的是什麼？

主要觀念

不只在乎個人價值的分工
更要在乎團隊價值的完工

在大陸工作擔任金融銀行高管的那段時間，主要執掌包含了財務、法務、總務還有專案管理等領域。畢竟是金融銀行相關產業，所以在監管方面，不管是公司內部又或是政府部門單位，對於資訊和網路系統等建置和維護都非常重視。

我所負責部門工作也有很多 IT 需求，必須和資訊單位交流，所以和資訊部門及資訊長 CIO，關係也相當密切良好。關係好到最後，令我想不到的是竟然有一天我會成為 CIO 資訊長的角色。

因為原來的 CTO 資訊長是新加坡人，但家裡臨時發生重大變故，必須請長假留職停薪，所以董事會就請我臨時暫代 CTO 將近一年的時間。

關鍵是我從來沒做過資訊長，更是對 IT 專業內容不甚理解，所以不僅資訊團隊主管感覺惶恐，甚至連外面的供應合作廠商，也擔心我一個門外漢，要怎麼樣來帶領這個資訊團隊？

後來我邀請資訊單位的四個主要部門主管，以及核心專案經理，一起布達分享我的執掌還有管理角色。我說自己最主要工作內容就兩個，一個是「專業轉譯」，一個是「資訊傳遞」。

大多數資訊部門的工作，除了日常運維之外，很多時候都需要採購金額高昂的設備和軟體，而這些設備軟體常常聽在高階主管的耳朵裡面，就像山海經般的詰屈聱牙、艱澀難懂。

所以我告訴這些 IT 主管們，與其讓你們直接去面對這些高階主管，倒不如先把我給教會了，我就可以用比較白話的語言，讓這些高階主管能夠理解 IT 的目的，以及採購的意義。

這就是「專業轉譯」。

另外資訊部門每天日常工作已經十分繁忙，不僅彼此溝通要花費大量時間，更難的是還需要把濃縮後的資訊，提供給管理階層的人理解及決策。

所以身為主管的我，就是與上層管理階層和 IT 間的資訊橋樑；因為理解公司經營需求，才能夠將 IT 龐大的資訊去蕪存菁之後，有效攸關、言簡意賅的傳達。

這就是「資訊傳遞」。

當然，很多人聽我這麼說完之後，都不認為身為一個 CTO 資訊長，只有這兩份工作而已。

但是不同的公司、不同的產業，甚至是不同時期的 CTO 資訊長，都有不同獨特價值的提供方式。而我在那個時候，給自己的關鍵任務就是「專業轉譯」和「資訊傳遞」，也可以說是特別時期的階段性任務。

換句話說，所謂的責任歸屬或工作職掌，認真說起來不外乎就是兩個關鍵字「分工」。

想想看常聽到的「一人公司」，也就是校長兼老師及兼工友，哪還需要什麼釐清責任、釐清工作，所有事情都是一個人做，也就沒有什麼「分工」概念。

但是一旦組織變大、公司變大，不是一個人能力和能量可以承擔起所有工作的時候，邀請其他團隊成員加入，實質目的就是分工。

只是通常在分工過程當中，最常被大家詬病的就是分工不清、責任歸屬不明。這樣子的最終結果，就是會有部分工作沒有人做，部分工作沒有人承擔責任，當然團隊所設定的目標就無法達成，也就是無法完工。

因為，承擔著所有無法完工責任的人，從來不是個人而已，而是整個團隊。當然，團隊也包含個人。

團隊的責任就是分工，
團隊的目標就是完工。

然而，公司內部要徹底釐清責任歸屬和工作職掌，理論上是不可能的。畢竟環境在變、趨勢在變，完工過程中產生的三不管地帶也會持續出現。

因此，我們常常在看籃球比賽中，聽到的「補位」概念，就變得格外關鍵。

就像籃球比賽當中，如果有個重要位置突然沒人防守，那麼不管那個位置是屬於前鋒、中鋒還是後衛，只要有空檔的人，都要過去「補位」。

所以真正關鍵從來不是扮演的角色是什麼，而是在角色分工的過程當中，還能夠很清楚知道，確保完工，就像籃球隊的得分，才是最重要的目標。

不只在乎個人價值的分工，
更要在乎團隊價值的完工。

思考練習

我們常聽到「穀倉效應」，也就是因為責任分工，造成公司部門之間彼此自行其事，以致於沒有辦法順暢地完成公司的共同目標。試著分享公司通常會用什麼方式，來降低穀倉效應所造成的不良結果，讓分工過程能夠順利進行，達到完工的期待？

21

人情世故

遇到小人背後捅刀怎麼辦？

主要觀念

害人之心不可有
防人之心不可無

港星周星馳是我非常喜歡的一位演員和導演，他的每部片幾乎都是香港票房保證，有好多電影也都是我一而再、再而三，百看不膩的經典。

年輕的時候，和很多人一樣，都把周星馳的電影當成喜劇來看，甚至當時還用「無厘頭」來形容他的演技和劇情。

剛開始我因為聽不懂什麼叫做無厘頭，還特別詢問了周遭好友；然後，他們告訴我說「無厘頭」簡單來說，就是演出的方式「和你想的不一樣」、「不按牌理出牌」、「顛覆大家認知的框架」。

多年之後，我看到了巴菲特說他投資的心法，就是「別人貪婪的時候他恐懼，別人恐懼的時候他貪婪」；突然驚覺，這不就是所謂的無厘頭？

換句話說，巴菲特的投資心法同樣包含了：和你想的不一樣、不按牌理出牌、顛覆大家認知的框架，三個無厘頭要素。

回到周星馳，他的其中一部電影《九品芝麻官》，可以說是我的最愛之一。特別其中有個橋段，是周星馳飾演的男主角包龍星，在他父親要彌留之際，跪在床前，聽他最後的叮嚀。

結果包龍星老爸希望他上京求取功名，但特別提醒他，未來一定要做個清官。正當包龍星頻頻點頭認可父親價值觀的時候，沒想到他父親最後又加了一句忠告，告訴他必須要做一個「比貪官還要奸詐的清官」。

這就讓包龍星忍不住疑惑的問他老爹，為什麼要做個比貪官還要奸詐的清官？他老爸說：「身為一個清官，如果你沒有比貪官還要奸詐的話，你怎麼能夠治得了那群奸詐的貪官？」

看到這一幕，也讓我想起了小時候包青天的電視劇。

總覺得包青天雖然正氣凜然，但絕對不是一個食古不化的老八股。每次看他夜斷陰、日斷陽，各種不同與反派鬥智的過程，就能夠理解《九品芝麻官》裡面包龍星父親的苦口婆心。

電影在後來包龍星求取功名的過程當中，也不斷地呈現他是怎麼遇到這些小人貪官，在吃虧上當及汲取教訓之中，持續不斷地學習，讓自己成為一個有智慧，足堪對付貪官的好官。

與其有勇無謀，
更要智勇雙全。

許多好友在聊天的時候，常常會很自然地分享職場上面不順遂的經歷，甚至是一些遭遇小人、背後捅刀的故事。

就像《九品芝麻官》裡的包龍星。

有人問我，所謂「人在江湖飄，哪能不挨刀？」；那如果遇到了挨刀的情況，應該怎麼處理和面對小人？我會告訴他，其實「人若不挨刀，哪能江湖飄？」；如果真遇到了挨刀的情況，那就是學習和成長的開始。

就像《九品芝麻官》裡的包龍星。

人在江湖飄，哪能不挨刀；
人若不挨刀，哪能江湖飄。

我的好朋友雷浩斯，他是一位令人非常敬佩的投資專業老師，但是除了投資之外，他也研習武藝、還有舞藝，更重要的是他還專研「識人學」。

他說投資和識人是一樣的道理，好的投資標的不一定看起來很好，差的投資標的也不一定看起來很差。

就像有一些心地善良的好人，也許他的個性執拗不好相處，但也有許多小人，讓你感覺格外的親近，一如論語所說的「巧言令色，鮮矣仁」。

這些都是透過持續不斷經歷和學習，才能像《九品芝麻官裡》的包龍星，讓自己能夠「閱人」，更能夠「識人」。

挨刀是免不了的，如同學騎腳踏車，勢必要經歷過大大小小跌跤的過程。但透過學習，或是好老師的教導，可以讓自己跌的輕些，跌的少些。

所以想要避免挨刀太重太多，除了可以向例如雷浩斯老師等專家學習識人學之外，大量閱讀不同領域知識，尤其是歷史、傳記和小說，也是很好的方式。

所謂「以銅為鏡，可以正衣冠；以人為鏡，可以知得失；以史為鏡，可以知興替。」

就像《馬斯克傳》（*Elon Musk*）書裡所說的，SpaceX 創辦人馬斯克從小就是一個沒有辦法了解人心，聽懂別人話中有話的一個小孩。

他直覺別人所說的話就是字面上意思，所以這種直男個性讓他吃了非常多虧，甚至遭受不斷的霸凌，持續不斷遇到他生命中的「小人」。直到後來透過大量閱讀，他才知道原來人際關係是這麼錯綜複雜，也才慢慢地理解如何處理、如何識別。

這也是為什麼我也非常喜歡李宗吾的著作《厚黑學》。

書裡面關注的並不是壞人和小人，而是存在我們身旁周遭的所有人。畢竟，我們需要關切的從來不僅僅是會背後捅刀的小人，而是社會關係裡面重要的人情世故。

因為，會讓我們受到傷害的，不一定是壞人或是小人。這就是從小長輩耳提面命的，

害人之心不可有，
防人之心不可無。

至於所謂的厚黑，就是不僅要做個忠厚的人，更要有一顆明辨黑白智慧的心。

思考練習

試著尋找一本自己讀過的歷史、傳記或者小說，針對裡面角色情節，歸納出三點自己覺得最有價值的人情世故，又或者是人際關係的體悟。

22

成長思維

艱難任務是磨練還是爲難？

主要觀念

有磨練才有機會刻意訓練
有爲難才有機會面對困難

從空軍預官退役之後，直接就進入到強度極高的半導體公司工作。

那個時候很多職場文書處理工具，對我來說都十分陌生。因為我的碩士論文當初是用 DOS 系統的倚天中文※排版，對於什麼微軟公司開發的辦公室套裝軟體「Microsoft Office」，根本連聽都沒有聽過。

※編註：倚天中文系統，盛行於 1980 至 90 年代，是一款針對 IBM PC XT/AT 相容個人電腦之 DOS 平台。在微軟推出 Windows 95 之前，倚天中文系統在台灣 PC 領域有壓倒性的市佔率。（資料來源：維基百科）

所以當在工作的第二天，老闆要我在三天之內做好一個 42 頁的 PowerPoint 的簡報檔，我對於這樣的一個交辦事項，感覺就跟要從地球到火星一樣，完全是在狀況外。

更重要的是老闆還丟下一句話，告訴我說：「學習這個 PowerPoint 軟體非常簡單，大概只要兩個小時就會了。」

聽完之後，真的搞不清楚，老闆這麼說的用意是激將還是鼓勵，直覺反應就是「如果我沒有在兩個小時之內學會，那不就遜斃了？」

所以接到指令之後，我立馬求教身邊的資深工程師老大哥，先向他借了本 PowerPoint 工具書，直接針對簡報內容邊做邊學。然後，學不會就記下來，彙整之後再一起請教坐在身旁老大哥。

兩小時？只要兩小時，就可以學會？

當天從白天做到夜晚，從夜晚做到凌晨兩點，一共才完成了將近五頁。做到了午夜，才完成五頁，顯而易見的離目標的 42 頁還有一大段距離。唯一可以確定的是，完成不只需要兩小時，而是到了凌晨兩點。

但是這五頁，讓我把應該學的 PowerPoint 操作功能都學會了。從零到一，從不會到會，或許真的不容易，但會了之後，突破許多難關，就有機會起飛了。

第二天還是忙到午夜，但是一股腦兒就把所有的 PPT 簡報 42 頁給全部完成。

當我在第三天早上把作業交給老闆的時候，明顯看出來他的表情有點訝異，但還是耐著性子跟我一起修正這份文件到了中午，才總算把這份報告給定稿。

在午餐的時候，資深同事們告訴我說，其實老闆是想給我一點下馬威，想要為難我，沒想到我竟然提前達標了。

甚至還告訴我，他們當初去外面上課學習這套軟體，學了三個多月才開始正式做一份 20、30 頁的報告，沒想到我在零基礎狀況下，三天就完成了 42 頁報告。

真的不可思議。

所以，這個任務到底是為難我？還是磨練我？

這個問題的答案，在我完成任務之後已經變得一點都不重要。重要的是，我可以告訴別人三天時間是真的有機會學會PowerPoint，而且從今以後，製作簡報我就可以駕輕就熟。

從來沒有極限，
除非畫地自限。

這讓我想到了帶我健身重訓的啟蒙老師彬教練。

常常會有人問他，要「多久時間」才能夠練出像他一身健美肌肉，和令人艷羨的身材？

他說，這個「多久時間」練成，要看你每天練「多久時間」，還有怎麼練。像他每週至少練五天，每天重訓一到兩小時，甚至還要很花心思的去買菜烹飪，讓自己給予訓練補充足夠適當營養，這所有一切也都是練習的一部分。

很多人聽完之後，常常會直接回饋，說自己沒有辦法撥出這麼多的時間。覺得這樣子的磨練，有點為難。

那麼自然而然彬教練將身材練成所需要的時間，對於這些人來說參考性就低。因為不一樣的磨練，或不一樣的為難，就會呈現不一樣的結果和成績單。

有磨練才有機會刻意訓練，
有為難才有機會面對困難。

只要不是刻意刁難我們的人身安全，又或者是有違法亂紀之虞；在職場上面交付的工作，如果超出我們的能力範圍，到底是磨練還是為難，其實關鍵不在於別人態度，而在於我們的想法和做法。

磨練也好，為難也罷。

若有過關，那是成就；
若沒過關，也是成長。

思考練習

想想過去在工作的過程當中，有沒有被交付超出自己能力範圍的工作？而自己面對這樣子的工作交付，態度是如何？後來的結果又是如何？

情緒管理

察言觀色是必須的能力嗎？

主要觀念

倘若沒有處理善後的能力
那就不要放縱自己的情緒

在半導體產業工作的時候，有近兩年時間被外派到大陸擔任財務經理的工作。

由於公司當時在大陸投資及生產金額非常龐大，不僅為當地創造財政收入，也能增加就業機會，因此政府給予公司許多的優惠政策和措施。

身為我老闆的財務長，在公司草創的時期，常常必須要在政府的各個不同單位之間，為了取得這些優惠政策和措施東奔西跑。

所以，我很自然地被指派，作為財務長的代理人。既然是代理人，那麼理論上財務長被授予的任何工作，當他不在公司的時候，我就必須責無旁貸的承擔。雖說要承擔，但心裡總是希望能夠風平浪靜，沒事就是好事。

不過，吃燒餅哪有不掉芝麻的？

就有一次，總經理交辦重要工作給我老闆，請他做一份給法人的投資報告。沒想到我老闆在出差時，竟然忘得一乾二淨，並且沒有交接給我和團隊。

後來當總經理臨時把我叫到辦公室，向我要這份投資報告的時候，我一整個人呆愣在他面前，不知所措。

雖說完全不知情，但也不想直言是老闆忘了交接給我，畢竟這是我們團隊自己內部的溝通問題。所以我只得硬生生的道歉，並承認是自己的失誤，忘了把這件事情放在工作項目裡。

沒想到總經理聽完之後，可能是因為再過兩天就要交報告給法人，一整個情緒開始暴走，然後拿起桌面上檔案，用力往牆上怒擲。

當所有文件在空中亂飛的時候，他還不忘拋下一句震天嘎響的氣話：「公司怎麼會招到你這種人，公司付給你這種人薪水，真是一種恥辱。」

當我聽到總經理嘶吼完這段話，腦中是轟地一聲響，呈現一片空白。接著深呼吸幾秒鐘，開始把地上所有文件收集起來，平平整整放到他桌上。

然後，對著他彎腰鞠著九十度躬，再次表達歉意，並且請總經理給我五分鐘，和他再做一次確認，有關製作這次投資報告的內容。

或許是暴怒之後的清醒，或許是因為我沒有情緒的反應，以及冷靜理性的態度，也或許是那九十度的鞠躬，讓總經理理智也拉回了現實。

總經理花了將近 10 分鐘時間，和我把所有投資報告給捋了一遍。我甚至用鉛筆在空白的 A4 紙張上面，直接把所有報告，用「草圖」的方式給全部勾勒出來；讓總經理可以當場立刻確認我的認知是否正確。

看到總經理點頭的那一剎那，我的心安了一半，並抱著那疊草圖，告訴總經理說：「不知總經理中午是否有空？現在離中午還有將近兩個小時，我會先把內容製作完畢，午餐時再和總經理做第二次確認。」

或許總經理沒想到可以這麼快在中午就能看到第一版，也或許他被我的積極所感動。

因此他點了點頭，而我也在確認他首肯之後，走出辦公室開始我的簡報製作，然後開始將格式進行優化和美化。

就這樣，一場風暴在雷聲大雨點小的狀況下結束，而我也在密集的和總經理溝通當中，利用不到一天半的時間，完成了這份總經理迫在眉睫的報告。

還記得總經理破口大罵的聲音，響徹雲霄在整個主管樓層的時候，當我退出他的辦公室，他秘書還很憐惜地對我說：「郝哥，您辛苦了。」

聽完秘書對我的安慰，我對她眨了眨眼，並告訴她我只不過被罵了幾分鐘，比起昨天另外一個處長，被總經理訓斥了一個多小時，我可是幸運多了。

接著我就踏著輕快腳步，趕忙離開了那個當時情緒確實受到重創的不悅之地。

後來秘書們都口耳相傳，說我的情緒管理特別好，真的很難得。聽到這樣評價，我心想：「難不成要和總經理惡言相向，又或者是幹一架，拼個你死我活？」

被罵的人受傷，罵人的人又何嘗不是傷得很重？有人可能會問：「罵人的人，哪來的傷？」

不管是國家，又或者是公司，團結才會力量大，而團結關鍵，就是人心向背；如果因為不當罵人，又或者是言語損人，而失去人心，這當然是「傷」。

所以有人問說，應不應該對老闆或者是領導察言觀色？

其實每個人，都希望對方和自己的溝通能夠和顏悅色；那麼察言觀色，又何止是由下對上，不更應該是上上下下，左左右右，才不失為做人的道理。

就好比我的好友李佳達，他是泰山彈簧股份有限公司CEO，有次特別和我分享他的一段名言：

倘若沒有處理善後的能力，
那就不要放縱自己的情緒。

從我第一天認識他開始，不論在職場、在生活，或其他任何場合，他都是我最敬佩能拿捏好情緒分寸的人。

我常心想，佳達就和他公司名稱及產品一般，泰山崩於前而面不改色，如彈簧般能屈能伸，才能在人際關係和事業經營上，相對圓融和圓滿。

就像老子道德經所說「上善若水，水善利萬物而不爭，處眾人之所惡，故幾於道。」

察言觀色，控管情緒；
不僅利己，也能利人。

思考練習

回憶有沒有在溝通的時候，不管是自己或對方因為沒有察言觀色，以致於讓彼此情緒失控，而造成不可收拾的局面？同樣事情如果再來一次，是否有更好的選擇可以來面對？

24 一期一會

應酬不參與是不合群嗎？

主要觀念

理解人與人之間不同
尊重人與人之間喜好

當年自己從半導體行業轉戰到金融業，那是完全不同的一個體驗和經歷。

尤其在大陸建立不同金融機構，包含跨區域擔保公司、小額貸款公司，以及村鎮銀行，幾乎所有專案都是從無到有，篳路藍縷的創業過程。

因為剛開始的核心團隊人數不多，所以就算是自己身為高階主管，也是校長兼老師兼掃地僧，每天工作繁忙緊湊得跟打仗一般。

加上所有金融機構成立的專案，涉及中央政府、地方政府、不同投資方、潛在客戶，以及各種多樣利害關係人。

因此，除了白天工作之外，各種不同的飯局和聚會，也延伸到下班之後的晚餐和休息時間，甚至會持續到接近午夜或凌晨。

這種日子，若是偶爾為之還不打緊，但在草創時期幾乎日日夜夜如此，所以才不到半年時間身體就亮起了紅燈。有次如廁時，突然發現大量鮮血傾巢而出，嚇得我兩腿發軟，整整坐在馬桶上將近十多分鐘才站得起來。

驚覺這是老天爺給我一個訊號和禮物，等於是告訴我要小心「不要有命賺錢，結果沒命花錢」。

所以我立刻就提了辭呈。

但總經理聽了我敘述身體狀況之後，叫我稍安勿躁，先回台灣休息檢查一番之後再做定奪。後來經過兩個禮拜休息和檢查，感恩的是確定身體並無大礙。

但也藉這個機會重新排序自己的生活內容，除了白天重要工作之外，公司允許我不用參與晚上的應酬活動。當然，同事之間邀約，彼此開心的聚餐和聚會，就不在此列。記得有位前輩曾經這麼告訴我：

去了不想再去的是應酬，
去了還想再去的是報酬。

後來一年多後，所有工作都上了軌道，晚上也不需要加班到很晚，我開始去報名自己喜愛的國標舞課程。

剛開始只有我一個人跳，後來漸漸的好多同事都知道我的愛好，我也很大方的邀請他們來加入舞蹈行列。漸漸的從一個人到兩個人，從兩個人到好多人，甚至連總經理及許多高階主管都來參觀並同樂。

這時我才發現，原來不管是應酬也好，報酬也罷，大家聚會的方式，從來不僅局限在吃飯喝酒，就像是國標舞、爬山，甚至是我後來喜歡的自行車和跑步，也都可以拉近人與人之間關係。

還有現在自己參加的各種不同讀書會，例如「創意閒聊好朋友」、「媽媽好讀｜在生活中運用書本知識」、「滾雪球未來讀書會」，以及「商戰CXO」等等，除了可以認識周遭的人，更可以跨越時間、空間，遇見不同的作者，看見不同的關係。這種同好聚會，就像是大學社團。

所以如果應酬本質，是縮短人與人之間距離，那麼，

理解人與人之間不同，
尊重人與人之間喜好，

就可以讓「應酬」變成「報酬」。

雖說如此，還是很多人在參與聚會過程當中，迫於「同儕壓力」，常會覺得如果大家都去的場合，自己沒有去，會不會感覺不合群，甚至遭受排擠？

像這樣子的疑慮或恐懼，我就會建議他「試試看」才會知道。也就是不去參加大家聚會，看看自己的擔心和害怕，也就是別人會責難自己的不合群，這件事情到底會不會發生？

如果沒有人排擠，那就是自己多慮了。

代表這是個體貼的團體，尊重個人的想法和看法，值得自己繼續待下去。

如果大家都排擠，那就是自己待錯了。代表這是個自大的團體，漠視個人的想法和看法，思考自己是否待下去。

所以每當有人問我：「要不要參加自己不喜歡的應酬？」

我說把答案列出來，或許會比較清楚自己該怎麼做選擇。因為認真說起來，底層邏輯不外乎就是兩種選擇：

選擇參加，讓自己不悅；
選擇拒絕，讓自己喜悅。

至於別人情緒會因為你的選擇而有什麼樣反應，這真的是選擇後才會知道。

就像我和公司協商不參加晚上應酬，為的是找回自己的健康；而公司在尊重我的情況之下，相得益彰，也就是彼此選擇之後的結果。

雖然我拒絕應酬，讓自己喜悅，但我公司因為讓人才願意留下，也同樣愉悅。換句話說，我並沒有因為擔心同儕壓力的影響，而選擇繼續對自己健康不佳的應酬。

爾後我和同事們一起在國標舞教室聚會，享受歡樂時光；這不是出於我的要求，而是大家喜歡之後的渴求，但也不諱言是受了我分享之後的影響。

要選擇自己受別人影響，
或選擇別人受自己影響。

都是自己的選擇。更重要的是，

不是要費心的應酬，
更是要開心的報酬。

這才是人與人之間幸福關係的重點，也才是每次一期一會的焦點。

思考練習

有沒有別人邀請參加聚會，但是自己不想去，卻又不知如何拒絕的情況？試著把當時的心情和決策過程寫下來，看看如果再經歷一次，自己是否可以有更好的回應方式？

永續經營

應酬接不到生意怎麼辦？

主要觀念

價值交換的關鍵是產品服務
生意交易的核心是永續經營

應酬除了是同事和朋友間的聚會之外，更常發生在做生意或業務之間的往來。

常碰到的疑問，就是：「如果因為不應酬而失去了客戶，做不成生意該怎麼辦？」

這讓我想到有次到福建泉州，碰到一位企業主所發生的故事。他是一位創業將近二十多年白手起家的老闆，公司規模雖然不及一些國際級的公司，但是每年營業額也將近有四、五億人民幣。

那天行程，主要是當地政府機關希望我們了解在地知名企業、和他們交流，作為日後我們設立金融機構的參考。

有趣的是，會議結束之後已鄰近中午，這位老闆沒有帶我們到外面餐廳擺宴，反而就在公司食堂裡面，帶著大家吃了一頓簡餐。

飯桌上閒聊之際，老闆特別告訴我們，請客人在自家食堂吃飯，是他老爸傳下來的習慣和家規。雖然飯菜不像大飯店一般大魚大肉，但這就是他們的款待，把客人當成是家人一樣的對待。

而且他們公司規定不應酬，下班後所有時間都屬於員工個人，如果員工要自主聚會，那純屬私人行為，公司不過問。

這時就有同桌夥伴，疑惑的請教老闆，做生意一般不都需要喝酒應酬？像他們這樣子不喝酒、不應酬，難道不會影響生意嗎？

老闆聽完問題之後，放下了筷子，微笑著娓娓道來：

「其實不喝酒，不應酬，就是為了客戶著想，也是為了客戶好，更是為了我們自己好。

客戶和我們做生意，真正買的是產品和服務，並不是和我們的『應酬關係』。做生意的本質是『價值交換』，重點一定要小心關注交換的到底是什麼。

如果飯吃多了、酒喝多了，等到客戶真正下單的時候，發現產品和服務的質量不佳；但是考量到吃我們、喝我們的，以致於在不好意思的情況之下，買了我們的產品服務。

那麼對他們來說，花錢買的就不僅僅是單純的產品服務，還包含了和我們之間的應酬飯局關係。然而，對我們客戶的消費者來說，他們並不在乎我們和客戶之間的應酬關係，他們買到了品質不佳的產品，就會降低了下次購買意願。

那麼，我們客戶訂單未來就會減少，間接也會影響我們的生意。這樣子的結果就會危及到我們彼此『永續經營』的目標。」

價值交換，在做生意上——
主要是產品服務，
而不是交際應酬。

接著他又說：「更何況咱們所有員工如果要把產品服務的品質顧好，就要花費很多的心力和時間在工作上面。如果在員工的工作結束之後，沒有給他充分休息時間，反而讓他去花很多的時間應酬，那麼就可能影響他的工作效率和效能。

自然而然在這種情況之下，也會影響產品服務的品質。這麼一來，不管對客人、對我們自己，甚至對員工，都不見得是件好事。」

時間在哪裡，
成就在哪裡。

工作、家庭、休息、應酬，這所有的時間配置，就是影響我們所有成就的一種投資組合。

就在大家點頭之際，又有人接著問：「那如果有客人堅持要應酬，否則就不和你們做生意，不下單怎麼辦？」

老闆聽完之後大笑說：「那就代表我們和客戶的緣分還沒有到啊。因為我希望和客人的關係長長久久，幫他們把產品和服務能夠做到最好，讓他們的消費者能夠滿意。

如果這點他不能接受的話，就只能等他理解之後，我們再成為好的夥伴關係。」

末了，老闆還說這樣子「堅持原則」的方式，會讓自己和客戶之間溝通變得非常簡單，因為信任成本會變得很低。

這就讓我想到楊斯棓醫師在他《要有一個人》書裡面所言，「堅持百分之百的原則」比較容易。因為讓大家知道，你就是這「樣子」的人。所謂樣子，

就是品牌，
也是定位。

思考練習

不論自己是不是開公司、做生意，針對文中老闆想法，是否有不同意見？如果今天真的有人要和您做生意，前提是必須常常喝酒應酬，您會抱持著什麼樣方式來跟他溝通？

26

關係積累

同事之間是否能建立友誼？

主要觀念

所有關係都從進一步開始
所有關係也從近一步開始

曾經有人問我是否聽過「上班好同事，下班不認識」這樣子的概念？

我說不知道，也沒有聽過。

詢問之後，才理解這句話想表達的主要意思，是同事關係就維持彼此單純工作即可，不需延伸到生活友誼層面。

這樣子假設前提其實非常明顯，就是認為工作和生活是可以明確分開來的。

但是，如果工作和生活是一體的呢？

在《納瓦爾寶典》一書中，納瓦爾提到：「如果找到自己熱情的工作，那麼這輩子等於不需要再工作了。」因為當沉浸在工作，並喜歡工作過程中點點滴滴，自然而然身旁周遭人事物，都是美好存在，也就是生活的一部分。

如果再把空間拉遠一點，看看巴菲特和查理・蒙格，這對好夥伴，幾十年交情，彼此之間亦師亦友；既是工作搭檔，也是生活中智囊。

每當有人在股東大會上面問他們兩個老人家什麼時候退休，他們二老就會開心地對大家說：「我們又沒有在工作，哪需要什麼退休？」

就像納瓦爾一樣，一旦找到自己喜歡的工作，就分不清、也不需要分清，什麼是工作？什麼是生活？純粹是同事？純粹是朋友？

記得剛到大陸金融業工作的時候，有一群夥伴跟著我全中國南征北討，各種該遇上的不該遇上的事情，幾乎都碰上了。

不管是辦公室租賃裝修房東刁難、營業執照的取得或和政府打交道求助無門、和客戶之間建立關係出爾反爾，又或者是水土不服的飲食不適、喝到假酒同事送醫、飛機誤點睡在機場，以及大冬天在偏僻的二三線城市，只能找到沒有熱水的酒店等等。

這些深刻回憶，既是工作、也是生活，而陪伴在身邊一起度過這些日子的人，就是所謂的「同事」。

從大陸工作回來之後，有次友人孩子疾病纏身，透過管道介紹，特別尋訪知道南京有名醫可以治療。但是對於南京不熟悉的他，想到了我曾經在南京工作多年，而希望我能夠幫他進行聯繫。

當我一通電話打給南京金融業老同事，只是想探詢一下是否有聯絡管道。沒想到他不僅幫忙聯繫，還進一步安排所有看病過程，以及機場接送和飯店訂房事宜。

當我友人帶著孩子看病，從南京回來之後，他告訴我整個旅途，被當成是貴賓一樣照顧得無微不至，讓他除了感動更是衷心的感恩。

這樣子的感動和感恩，也當然從我的心裡，延伸到我請托南京老同事的身上。而有了這一層無私付出的幫助，也讓我和這位南京老同事情誼，有更進一步、更深刻的連結。

同事，進一步，也能變成好友。什麼是同事？就是朝夕相處、彼此靠近在一塊工作的夥伴。

曾經有位大哥告訴我說「近水樓台先得月」這蘇麟寫給范仲淹的詩句，真實的含意就兩句大白話：

如果你喜歡的女孩不在你身邊，
那麼你就會喜歡上身邊的女孩。

我剛聽完後，整個人差點笑岔；但是認真想想，又好像的確有那麼點兒道理。因為所有的關係，都是因為靠近一步，而產生不同的化學變化。

同事，近一步，也能變成好友。

所有關係都從進一步開始，
所有關係也從近一步開始。

思考練習

回顧一下自己工作經驗，有沒有同事變成好友的案例？
能不能分享和同事之間，是怎麼樣從工作關係晉升到更深一步的友誼關係？

在乎關心

職場人際關係如何拿捏？

在乎他人所在乎
關心他人所關心

開始接觸爬山，是在力晶半導體工作的時候，認識時任廠務處長的陳成章學長手把手的帶著我入門。

學長是與我同校清大物理系畢業，在校時候是登山社社長，雖然在學校時我倆沒有交集，但後來不論在工作職涯，或者生活學習上都是我的貴人和導師。

為了讓我爬上小百岳加里山，學長除了平常帶我練習健身房踏步登山機之外，還在週末清晨領著我用急行軍方式，到苗栗獅頭山鍛鍊腳力。

就算如此，我還記得爬完加里山回來後，自己整整鐵腿了將近一個多禮拜。但從此以後，我就對爬山這件事情，不再畏懼，不再抗拒，也算是人生解鎖了一項小小成就。

除了登山，身為廠務處長的學長，也常常帶著我在工廠裡四處檢視巡訪。他說這是每天日常，並且在巡檢的過程當中，不時地跟我介紹各種不同廠務設施專業知識。

除了用眼睛看的之外，他還叫我要把耳朵豎起來認真聽。因為他說常常聽著四處的聲音，很多時候可以發現不尋常的聲音，代表一些問題徵兆的出現。

他還告訴我，好幾次就是聽見管路裡發出不正常聲音，立刻差遣工程師去檢查之後，才發現一些連儀器都測不出來的潛在風險因子。

他說這些機器設施，就跟美麗的青山綠水一樣，必須近距離接觸他、關心他、在乎他，才能在未發生問題的時候，發現不一樣的徵兆，防患於未然，不至於釀成大禍。

這也是解釋了為何他要成為森林志工，定期或不定期的上山，為了山上大自然的環境保育，也為了所有愛山人士的安全和幸福，盡一份心力。

除了青山綠水、廠務設施，他更讓我深刻感悟的就是費心的同事對待。在他部門每周都會排定一個小時，讓三到四位同事，自主選定一個喜歡的主題和大家分享。

我問他，為什麼要這樣做的理由？

他說我們每個人在工作上呈現的面貌，只是生命當中的一小部分。如果我們對他人理解得越多，就可以降低誤解的機率，對於很多的衝突，也能夠有更多諒解。

多點理解，少點誤解；
少點誤解，多點諒解。

更重要的關鍵是這些非工作上面的私領域，並不是每個人都願意讓別人知道。所以如果在分享過程當中是由自己所提出來，那麼就不是揭人隱私，而是自發由衷的分享，才會有效地增加團隊彼此之間的體貼和包容。

後來我就把這樣子的做法，使用在我接下來所有工作的團隊當中。每週一個小時，選在週三午餐時間，大家一起吃吃喝喝，輪流由四位同事，每個人 15 分鐘，分享他們覺得有興趣的主題。

後來陸陸續續地有其他部門，也插花性質的加入，索性我們就把它變成一個類似讀書會社團概念，叫做「E Group」。E，主要有三個含義：

娛樂（Entertainment）：除了分享興趣、喜好，還包含每月一次的生日慶祝，也會選擇在此刻一起進行，因此也就有了娛樂的元素包含在內。

教育（Education）：很多人報告內容五花八門，包含鐵道迷、糕點達人、私章搜集、潛水愛好、自行車旅遊、攝影等等，讓這個分享變得具有學習教育意義。

鼓勵（Encouragement）：這個報告方式有個小規定，就是只鼓勵、不批評，因此讓所有的人可以暢所欲言，有強烈的心理安全感，在不知不覺當中，也增加了自己在眾人面前上台的自信。

就這麼一個小小分享，讓很多人都知道了同事之間彼此「不為人知」的一面。

有人是好奇地想要向他人學習，彼此就有了新的話題。
有人是開心的找到了同好夥伴，彼此就有了共同話題。

不管是新的話題，又或者是共同話題，只要人與人之間互相有了交集，關係也就會變得積極。

很多人常會問我，怎麼樣拿捏職場之間的人際關係？

常言道，
沒關係，就有關係；
有關係，就沒關係。

就像從陳成章學長身上所學到的，不管是帶著我上山登高望遠、帶著我巡廠用心聆聽，又或者是帶著我分享如何讓團隊主動分享生命的全貌。

給我最大的體會，就是溫暖積極的建立與他人的關係，表達自己的在乎、表達自己的關心。所以，在不揭私、不逾矩情況下——

在乎他人所在乎，

關心他人所關心。

就是人際關係建立適切的對待。

思考練習

在職場人際關係的建立過程當中，回想跟你情誼比較深的一些同事，主要讓你們會走得比較近的原因是什麼？

休養生息

無止無盡加班是好事嗎？

主要觀念

休息，是爲了好好出發
休養，是爲了好好前行

科學園區的工作，或說半導體電子產業的職涯發展，是很多年輕人嚮往的選擇之一，而相對應的優渥薪資，也是讓人趨之若鶩的關鍵。

然而高薪背後，肯定就有可想而知的付出，和汗水的投入。為了在眾多同儕之間能夠脫穎而出，所以拚命工作、取得優異表現，成為了一種想當然爾的認知。

我，也不例外。

只要是老闆交付的工作任務，除了使命必達，更是希望能夠超越期待，盡早、盡快，以及盡力達標。

在這種想法之下，很容易讓自己成為「YES MAN」，也就是對任何上級給予的命令「來者不拒」，成為不會推諉工作的一個人。

這不是很好嗎？
哪有什麼問題？
但真是如此嗎？

記得我在半導體公司擔任成本計算工作的時候，需要針對機台「產能利用率」進行假設，主要目的就是要知道機器在固定時間內可以生產多少產品。

因為這樣才知道要怎麼把機器價格，平均分攤到生產產品上面，進一步來計算產品單位成本。當時針對「產能利用率」假設，是全年只有 85% 時間可以用做生產。

那麼，剩下 15% 的時間呢？當然就是針對機器進行定期或不定期的維修保養，以及平常可能會發生不預期事件的怠工時間保留。

換句話說，機器需要「休息」和「休養」。

那麼人呢？肯定更是無庸置疑的需要休息和休養。但是，在我成為「YES MAN」之後，似乎休息時間就逐步減少。

畢竟，所謂「能者多勞」，就是當能力越強，就會有不斷被賦予工作的趨勢。

尤其在我剛入職的前兩年，幾乎年年考核都是評比第一，也就讓自己很自信覺得可以接受任何挑戰，就算工作再多，也能克服達標。

卻忘了，再厲害的機器，也需要休息。

就這樣，工作越塞越多，直到正常上班時間已經沒有辦法負荷，就開始利用下班時間繼續加班。

就這樣，工作越塞越多，直到就算下班時間也已沒有辦法負荷，就開始利用睡眠時間繼續加班。

漸漸地、慢慢地，在睡眠不足情況下，在休息不夠情況下，工作的效率效能，以及成果交付品質，都不如以往。

「怎麼原來可以勝任很好的工作，現在卻變差了，是不是我能力退步了？」這就是當績效不好的時候，不時出現在心裡，自我對話的聲音。

我沒有認知到是自己負荷過多，休息過少所造成的結果，反而責難自己努力不夠，能力不足。結果，接踵而來就是自我懷疑的壓力、難以入睡的失眠，以及顯而易見的精神不濟。

直到有天公司醫務室的護士姐姐，在路上相遇，閒聊之間看見我難看的臉色，忍不住開門見山的問我：「你是不是有睡眠障礙？」

我才如實地對她吐露，已經有好幾個月都沒有辦法好好入睡，每天大概半夜 12 點上床，凌晨一兩點就醒，然後要嘛就睜眼到天明，要嘛就起床繼續工作。

聽完我的描述，護士姐姐好心地幫我安排心理諮商師，並指導我如何和老闆溝通，「重新排序工作」、「保留適當空閒」，就像機台只用 85% 的產能一樣。

結果不到一個多月時間，不僅我的睡眠恢復到正常狀態，甚至連工作的成果都再度亮眼。

所以，每當有人問我：「該不該為了出人頭地，無止境的加班？」我就會直言不諱地分享，

上班是生活日常，
加班是非比尋常。

畢竟，
留得青山在，
不怕沒材燒。

休息，是為了好好出發，
休養，是為了好好前行。

思考練習

身旁好友有沒有長期需要加班的案例？如果有的話，試著詢問他們睡眠情況，以及是否會影響工作績效？
並請教他們有沒有想要降低加班時間和頻率的計劃？

29 留白自在

如何避免拖延症的困擾？

主要觀念

留白，也是一種生產力
自在，更是一種驅動力

有次和一位年輕學弟喝咖啡聊天，他告訴我說自己運氣很好，研究所還沒有畢業就已經找到工作。只是工作三個月後，從原來社會新鮮人的熱情和期待，變成有點困惑和無奈。

我很好奇，為什麼他心情會有這樣子的轉變。

後來他告訴我，本來自己衝勁十足的在每項工作上面都力求更好、更快。所以每當老闆交辦事項之後，他幾乎都在截止日前完美達標。

我聽完後說：「這樣子不是很好嗎？」

他滿臉愁容的回覆我：
「一開始確實是覺得很有成就感，感覺非常驕傲。

但是，隨之而來的除了老闆讚許之外，就是更多的任務和更多的工作，以及更緊的時限，和更大的壓力。

但觀其他同事，『慢悠悠』的幹活，不積極也不躁進，反而沒有被賦予更多工作，當然也就沒有更大壓力。

相比之下，我幾乎沒有休息喘口氣的時間。

感覺好像做得更好，並沒有被激勵、被鼓勵，反而是因為更大的壓力，而降低了自己努力的動力。似乎就像別人說的『績效懲罰』。

真的不知道該怎麼辦才好？」

這讓我想到剛進入職場的時候，身旁也有位老員工在午餐時，半開玩笑的對我說：「認真工作是好的，但是我們老闆，就怕你閒閒沒事幹，所以你不要太快把事情給做完，要不然你會忙到天昏地暗，而沒有休息的時間。」

認真回想起來，好像不僅是職場如此，就算是在家裡父母親和孩子們的相處，似乎也是如出一轍。

小時候印象之中，每當下課回來之後，一開始還是非常開心的想要趕快把作業完成，期待寫完之後可以出去和其他小朋友們好好玩耍。

後來隨著自己寫作業越快，看在父母眼裡就是我「閒」的時間太多。結果最後換來的是更多的課外作業，或者額外加入的才藝訓練。

也就是說，在父母親眼裡，會很容易一不小心，就把「讓孩子們閒著」，當成是「對不起孩子們」的一種做法。

當孩子們突然有一天驚覺到這樣的事實，所謂「道高一尺，魔高一丈」，也就會自然而然地放慢自己寫作業的速度。

反正太快寫完作業，也不能快點出去玩，那不如就一邊寫作業、一邊玩。這麼一來，「慢悠悠」地寫作業，就變成是孩子們「應變」之後的結果。

及至這個「慢悠悠」變成了習慣之後，在潛意識裡面砸下了根基，就成為我們日常所說的「拖延症」。

如同前面這位年輕人所說的，老員工們拖延著「慢悠悠」的做事，就不會被賦予更多任務工作，反而可以有自己的休息時間。

但是，不管是個人也好，團隊也罷，我們期待的從來不是慢悠悠，更不是任何事情都是在期限前完成的拖延症。

我們要的是餘裕。
我們要的是留白。

因為有了餘裕，
才能不斷持續。

因為有了留白，
才能行事自在。

所以，不管是當我們身為領導或老闆的時候，要有意識的給屬下或員工刻意留有休息的時間。

就算是身為員工的我們，在完成工作和任務的時候，也不要忘記給自己喘口氣的機會。

這就是為什麼每個星期上班五天，要有兩天的休息時間。
這也是為什麼每個星期休息兩天，才有五天的工作動能。

忙碌之後的禮物，是生命的留白，
清閒之後的禮物，是付出的自在。

留白，也是一種生產力，
自在，更是一種驅動力。

思考練習

回想自己在一件事情接著一件事情被追著跑的忙碌感覺；以及游刃有餘，在時間留白情況之下的工作感覺；在這兩者之間，對於工作績效是否會有不一樣的表現？

助人助己

職場上面不能功高震主？

主要觀念

不是爲了超越他人
而是爲了幫助他人

在半導體產業工作的時候，有一位亦師亦友的直屬老闆，當他三十多歲時，就在眾多激烈競爭同儕之間脫穎而出，成為集團子公司的一把手。

有次討論公事結束後和他一起喝咖啡，我忍不住問他，像他這麼優秀，超越好多同事甚至是自己老闆，難道不怕功高震主、遭人嫉妒？

聽完我的詢問，他喝了口咖啡，然後慢悠悠地跟我說了個故事。

在他剛成為社會新鮮人時，順利進入一家上市半導體公司工作，成為一名工程師。

剛入職就運氣很好，雖然是大型企業，但是在他小部門裡面，一共只有四位同事，而另外三位全都是他同校學長。

身為一個菜鳥，有三位學長照顧，在他心裡，當時是感覺既溫暖又開心。所以每當有什麼雜事、瑣事，他都搶在第一時間把它給扛下來。

因為學長們就像他老師一樣，「有事弟子服其勞」，是他當時最單純的認為。

除了白天日常半導體緊張工作之外，他們身為生產線主要後勤工程師，也需要輪值大夜班，負責處理二十四小時不停工夜晚可能會發生的緊急狀況。

而我這位初生之犢老闆，在抱著「感恩」的心態之下，就和其他三位學長商量，決定一人包辦長期大夜班的工作。

其他三位學長聽完這樣子的建議，覺得這位學弟實在是太上道了，除了拍著他肩膀給他溫暖的鼓勵之外，三個人還帶著他去吃了一頓大餐。

但是，沒有人是萬能的。

剛開始值班的那段時間，小狀況及出錯不斷，所以他也必須要持續不斷地請教三位學長。而三位學長由於省掉了值大夜班的這一道辛苦活，紛紛使出渾身解數，把所學盡數教給了這位勤奮的學弟。

所以我老闆在短短時間之內，就跟吸星大法一樣，把學長們對於工作上解決問題的精髓盡數收入囊中。

也因為這樣子的經歷，讓他迅速的在看事情的廣度和深度上面，比同期進入的工程師來得更加有洞見。

因此當別人需要花三到五年才能晉升的職涯軌跡，他才花不到八個月就達成。雖說升官如此之快，但是他很認真的強調，當初他的目的——

並不是為了超越他人，
而只是為了幫助他人。

他告訴我這故事之後，我還記得特別請教他，很多人說在成就上面，不能比師傅厲害，否則「超越老闆，怕得罪人」，

他怎麼樣看待這樣子的說法？他說，

不要把老闆的限制，
當成是自己的限制。

不要讓老闆成為自己天花板，如果老闆會有打壓屬下的想法，那麼「良禽擇木而棲」，自己也擁有選擇的權利。

重點是「共好」。

共好的起心動念，在於把自己的成功，奠基在幫助他人的成功。

幫助屬下成功，讓自己從帶兵變帶將；
幫助同事成功，讓自己從個人變團隊；
幫助老闆成功，讓自己從員工變智囊。

如果只想自己成功，不想看著、幫著別人成功，那麼就算自己守著小小的一畝三分地，又有什麼值得驕傲？

想要自己成功，
先要助人成功。

成功，
不是超越他人，
而是超越自己。

思考練習

在職場上有沒有因為幫助他人，而讓自己在晉升的道路上更加順遂的經歷？
至於有人說「不能太鋒芒畢露」，因為辦公室的政治會「棒打出頭鳥」，您怎麼看待這樣子的說法？

31

放手成長

工作是否應該事必躬親？

主要觀念

懂得放手
才有高手

近年來每逢年末常會回到母校企管研究所，對著即將踏入職場的社會新鮮人演講，分享自己過去工作和生活的一些經驗和想法。也因為這個緣分，結識了許多不同世代的忘年之交。

很多學弟妹在演講後，會禮貌性地過來和我致謝，並且很誠摯回饋我所「教」的點點滴滴，對他們很有幫助。

這個時候，我會順勢告訴他們，我只是「分享」經驗，而不是「教學」。並且希望他們只要「參考」即可，不需要一股腦兒全盤「接收」。畢竟——

沒有人有相同的成長，
不要活成別人的成長。

生命的成長，只能學，沒法教。

前段時間，有個優秀年輕學弟一畢業就找到不錯工作，我還特別約他吃飯聚聚，慶祝一下人生的新里程碑。

沒想到過了不久，他來找我喝咖啡，順便告訴我他已經辭職換工作了。我很訝異地問他，工作不是才好好的剛上軌道，為什麼就突然想換？聽完我的提問，他幾乎是不假思索地說了一句：「因為老闆太優秀了！」

「啊？」我驚訝的看著他。接著他娓娓道來，這一段遇見「優秀」老闆的心路歷程。

他說老闆太優秀，照理來說應該是很開心的事情；但是老闆什麼都懂，什麼都會，優秀到他幾乎所有想法都被駁回。

雖然有時候覺得自己想法有價值，但在老闆嚴密思維邏輯之下，他總是說不過老闆，最後只能照著老闆作法，而把自己想法束之高閣。

儘管他也很欣賞老闆，但他認為這畢竟是老闆自己的生命歷程，是老闆自己走出來的路。學弟最後囁嚅卻又堅定地說了一句：「我想，走出自己的路。」

◆

這又讓我想到另一個年輕人的故事。只是這個年輕人故事的老闆，不僅僅是老闆，更是他的老爸。

這位年輕人的父親是創業白手起家，一路上打拼艱苦卓絕，除了鍛鍊出非常強大意志力，更重要的是經歷許多挫折後的成功，讓他堅信「他說的都對」。

最常掛在他老爸嘴上的兩句話就是：「我都是為你好。」「相信我不會錯。」所以這位年輕人，從小到大成長歷程，都是他老爸的想法，他老爸的做法。

從幼稚園、國小、國中、高中到大學，所有學習方向，都是他爸爸一手安排。甚至出國唸碩士，學校和專業選擇，也都要聽從他爸爸指導。後來學成歸國返鄉，也是他爸爸要求他回來，因為希望他承接父親的事業。

重點是，當他回國的時候，他老爹竟然語重心長且嚴肅地對他說：「現在你已經長大了，既然要開始準備接班，就要認真培養『獨立思考』的能力。」

這位年輕人說，當他聽到父親這麼講，自己差點都要放聲笑了出來。

因為，這好比他爸爸和他一起玩電子遊戲打怪。但是，從第一關到第七關，他爸爸都不准他玩，因為怕他過不了關。等到第八關的時候，才告訴他說：「兒子，你現在可以好好努力破關了。」

他說，從來沒有經驗過關，又怎麼樣知道如何破關？怎麼樣知道如何闖關？

生命的成長靠的是「關關難過關關過」，不同關卡，需要不同知識、不同能力、不同智慧。

知識靠「學」，
能力靠「練」，
智慧靠「悟」。

靠的是誰？自己而已。

所有功夫，
用進廢退。

這也是為什麼蝴蝶必須用力破繭，才能夠有堅韌的翅膀高飛。所以不管是老闆對手下，父母對兒女，從來沒有辦法複製自己的成功給他人，因為「每個人，不一樣」。

生命的成長，只能學，沒法教。

懂得放手，
才有高手。

思考練習

有人說媽寶或者是爸寶，沒有辦法培養出獨立處事能力的孩子，你怎麼看待這樣子的說法？
而同樣觀念，是否在職場上面也一體適用？

自我激勵

成長是否必須要挨罵？

主要觀念

與其找方法給他人激勵
不如找對人能自我激勵

三字經裡說「玉不琢，不成器」。小時候也常聽長輩們說「不罵不成材，不打不成器」。

所以下意識裡，好像挨罵以及挨打，是讓人成長或成就很關鍵的方法。

職場上，不管是老闆對屬下也好、資深員工對資淺員工也好，也常有人認為用嚴厲的責罵，才會帶來鞭策效果，讓事情往好的方向發展。

但，真的是這樣子嗎？

記得我兩個女兒進入小學的時候，就讓她們開始接觸音樂，並且學習鋼琴和小提琴。

尤其是我自己也是在國小一年級開始學習二胡，而整個學習過程都伴隨著父母嚴格的管教。所以對於疾言厲色的責罵，在養成教育上面所扮演的角色，或是技能進步上的提升，就覺得是自然而然的事情。

因此，女兒們樂器水平在「短期」上，確實伴隨著我的嚴謹與責罵，有了一定水準的提升。

但相對的，我也必須在她們每次樂器練習的時候緊盯著，並且要特別規定她們練習排程。要不然可以明顯感受到她們能躲就躲、能閃就閃的心態。

換句話說，她們並不喜歡這個樂器。而所有的進步，只是在責罵之下迫於無奈，所不得不為的結果。一旦我的緊盯或責罵變得鬆懈，甚至是淡忘的時候，她們對於這個樂器的練習和持續，也就跟著消失。

明顯讓我理解感受到，「責罵」原來——
是種外在的壓力，
而非內在的動力。

直到後來讓女兒們練習國標舞及畫畫，我才認知到除了責罵，還有可以讓人成長的另外一種方法及可能性。

由於看了李察・吉爾（Richard Gere）所主演的電影《來跳舞吧》（*Shall we dance, 2004*），讓我開始喜歡上了國標舞，並且也順便帶著兩個女兒進入舞蹈教室。

因為沒有特別期望，只是單純想帶著她們一起玩，一起開心跳舞；所以也就不會在舞技進步上面，對她們有任何的施壓或責難。

反而因為這樣子關係，她們兩個在舞蹈教室，不僅認識好多同齡夥伴，並還在多年浸淫之下，培養出了舞蹈興趣。

甚至記得有段時間，每當希望她們做些事情，例如幫忙打掃，或是做功課，但是她們卻拖拖拉拉的時候，我還會用不准她們去跳舞，來當作交換的籌碼。

可見跳舞這件事情，已經是她們「自己想要」，而非我「逼她們要」；所以，在跳舞進步這件事情上面，也就沒有責罵的必要性。

後來兩個女兒越跳越好，直至在大學的時候，還成為舞蹈兼職的老師，讓興趣和工作有機會結合。

原來，
沒人責罵、沒人處罰，也能成就。

同樣的，大女兒非常喜歡畫畫，從小在紙上塗塗抹抹，然後在 IG 上開立自己專門分享帳戶，還利用社群和其他高手互相交流，而這些全都是自發行為。

好幾次看到她坐在書桌前，從晚餐後開始伏案作畫，直到我準備入睡，她還在認真揮灑。

那種入定專注的神態，讓我想到「心流」兩個字。

常常在第二天一早起床，看到 LINE 上有她大半夜三四點，發給我的繪畫完成品，我才知道她竟然畫了七八個小時。

原來，
沒人責罵、沒人處罰，也能成就。

當好友尹恩、魯鼻、佳達、盈瑩和佳靜，決定幫我第七本書《贏在邏輯思考力》在南台灣高雄辦分享會的時候，我剛開始只認為是場溫馨簡單的活動。

沒想到整個過程，不僅他們花了將近五、六個月的時間籌備，甚至邀請了吳家德老師共襄盛舉，以及眾多的贊助廠商，並且還結合了公益。

從事前場勘、過程中定期緊密會議、來來回回聯絡、當天演練、完美主持，以及貼心行銷推廣，讓可以容納將近 200 人的場地全部爆滿。

不管是來賓、廠商、主講人，以及籌備團隊，所有人都幸福洋溢、滿載而歸。

這一切的一切，所有參與的人，都是樂在其中的主動積極，但是卻完成了美好的一期一會。

原來，
沒人責罵、沒人處罰，也能成就。

與其盯著別人、管著別人，甚至責罵別人要他做不喜歡的事情；或許也可試著找到有意願的人，那麼就不需盯他、不需管他，也不需罵他，因為找到了他想要並且匹配的事情。

與其找方法給他人激勵，
不如找對人能自我激勵。

工作匹配，
大家不累。

思考練習

回想自己在工作或是生活上面，有沒有不需要別人責罵或是施壓，就喜歡自動自發的做一些事情？
想想看這些自動自發的原因是什麼？

3

三為：成爲

得到生命所賜

團隊價值

邀功的眞正含意

主要觀念

共享榮耀，不要爭功
名副其實，不要膨風

有次在企業內訓上課，主題是「商業模式創新和價值主張」，內容除了講述如何建立商業模式，以及產品定位之外，也包含了很重要的「品牌建立」。

每當我說到品牌建立的時候，我就會特別強調不只公司，每個人也都有屬於自己獨特的品牌價值。

所以讓別人記住自己的好，記住自己的優點，也是非常關鍵的事情。而掌握「記住」這兩個字，也就是要讓別人「看見」，才有機會在別人的「心智空間」當中留下印象。

當說完這段「**品牌建立**」過程，必須被「**記住**」、被「**看見**」，才能在**「心智空間」留下印象**之後，就有位同學舉手提問，請教我在職場上「邀功」算不算是一種品牌建立的方法？

聽完提問，全班都心領神會大笑，甚至許多人比起大拇指，給這位提問同學一個讚。

而我，並沒有直接回答問題。

反而讓大家針對「邀功」這兩個字進行討論，並試著設計讓「邀功」，成為品牌的助力，而非阻力。結果經過幾輪討論下來之後，全班竟然高度一致的集結為兩點共識：

①先要在乎「邀」
②後要在乎「功」

①先要在乎「邀」

沒有人能夠單獨成其事，所有成就、所有功勞，一定都是團隊齊心協力完成的結果。所以「邀」這個字，是要邀請所有付出的人，一起來共享努力成果，而不是由一個人獨得，由一個人爭功。

共享榮耀，
不要爭功。

這也是為什麼，不管奧斯卡金像獎、金球獎、金馬獎、金鐘獎，或各類獎項的得獎人，在發表得獎感言的時候，雖然光環都在他一個人身上，但是感謝的內容，無一例外的要包含所有幫他推向領獎台的團隊成員。

甚至是得獎人的父母。

想想這邏輯也很簡單，如果沒有爸媽把他給生下來，哪有機會輪得到他上台？

同樣的，就算是公司超級業務完成了一筆大訂單，幫公司看起來賺了很多錢。但是也必須要生產單位能夠合乎品質的準時交貨、原物料單位要能夠如期的準備物資，物流單位要能夠及時將貨送給客戶需要的地方。

更不要說還需要法務單位確認合約、財會單位準時收款，這種種環環相扣的合作，才能真正落實超級業務訂單、為公司帶來價值。這就是我常說的，

變強是自己的事，
成功是團隊的事。

②後要在乎「功」

至於「功」，就是「價值」。不管是功勞也好、功績也罷，必須對客戶、對公司真正產生價值，這個「功」也才會成立。

就像我們去買東西，買到自己心儀的，買到自己喜歡的，買到剛好符合自己需求的，不僅對自己產生了價值，也會對提供產品服務的商家給他們認可，承認他們的「功」。

反之，如果言過其實的誇大價值，不僅沒有「功」，反而會有「過」。所以「**名副其實，不要膨風**」，就是「功」這個字，很重要的核心。

因此，很多人對於「邀功」這兩個字，常常會有直覺的負面印象，並不是在於我們不應該把自己成果，或是自己成就讓別人知道。

而是要知道這些成果和成就，必須要名實相符，並且應該要彰顯團隊的付出。

後來課堂上，大家一起寫下兩句共識：

邀，就是共享榮耀，不要爭功，

功，就是名副其實，不要膨風。

難能可貴的一個提問，變成了一場具有團隊價值的討論。

在下課之後，看著同學們，把上面這兩句話寫成大字報，貼在白板上。不僅完美呈現這兩個字實質意義，也讓這整個討論過程，充分體現「邀」、「功」就是「團隊」和「價值」最真切的本質。

思考練習

回想過去自己對「邀功」這兩個字的見解是什麼樣的認知？而和這篇文章所陳述的觀點，有哪些差異和相同之處？

善待當下

不仰賴他人，大餅自己畫

主要觀念

與其仰賴想像的期待
不如依靠當下的善待

韓劇《浪漫醫生金師傅》的第二季劇情，有段特別描述一位原來飾演反派角色的院長，在歷經處心積慮害人不成，卻遭反噬之後，終於受到主角金師傅感化改邪歸正。

他的做法是決定遠走他方，離開醫院政治鬥爭漩渦中心，並留下了一封辭職信在辦公桌上，準備悄然而去。

沒想到第一個發現這封辭職信的人，竟是跟著他許多年，一直唯命是從的醫師學生。

這位學生在看到這封辭職信之後，一整個人驚慌失措，情緒大暴走；不僅撕碎了這封辭職信，並且在找到這位院長的時刻，一反常態的對他大聲咆哮。

他用著從未有過的憤怒語氣，對著他一直以來尊敬，而且沒有忤逆過的院長，疾言厲色的說出：「您不可以辭職」。

原因就在於他將所有人生依靠和仰賴，放在這位院長老師身上。所以過去不管他的院長老師，叫他做任何的苦活、髒活，他都願意概括承受。畢竟他相信有天，只要他老師可以飛黃騰達，必定會帶著他一起雞犬升天。

因此，他老師的辭職信，等同於宣告他的一切寄托，在瞬間崩塌。

◆

這讓我想到在台積電工作的時候，一位直屬老闆對我很好，以至於我對他的孺慕之情，也在言談之中表露無遺。

甚至有次還告訴他：「我在研究所讀書的時候，就有位學長告訴我，三百六十行哪一行最好？跟對人最好。

而我真的很幸運，沒想到能跟到您這位好老闆，以後不管做任何事情，我都跟著您就對了。」

沒想到他聽完之後，一點都沒有喜悅之情，反而語重心長地對我說：「永遠都不要把自己人生，放在別人身上。更不要太過在乎別人幫你畫的大餅。

好好關注當下做的每一件事情，讓自己變得更有價值即可。因為沒有人敢保證未來會怎麼樣，連我自己都一樣。

如果連我自己都沒有辦法保證明天會如何，那你又怎麼能夠把未來的希望放在我的身上？」

我非常感恩這位有智慧的老闆，給予真切又溫暖的提點；也因為這份感念，讓我在離開公司多年之後，一直和他保持著密切聯繫。但令我錯愕的是，有天竟忽然收到尚值壯年的他，突發疾病驟然離世的消息。

除了極度難過之外，更驚覺「明天和意外，永遠不知道哪個會先來？」這句提醒，是如此的近在眼前。

年輕時候努力奮發用功讀書，從小學到國中，就會開始聽到長輩告訴我們說：「等到考上一所好高中就好了。」

接著就會有類似的聲音，不斷地出現在耳邊，
等到考上大學就好了～
等到考上研究所就好了～
等到進入一間好公司就好了～
等到升上主管就好了～
等到做完這筆大訂單就好了～
…………

然而，
永遠不會的實現，
就是等待的明天。

美好目標和夢想固然重要，但是更關鍵的是每一個寶貴當下，才是未來目標和夢想的階梯。

別為想像的承諾，
犧牲當下的美好。

與其想像的期待，
不如當下的善待。

思考練習

針對過去曾經設定的目標，有沒有因為無法達成，結果不如預期，但是回想卻仍然美好的經驗？

自己在努力達成夢想的時候，是否常常可以感受到當下或過程中的喜悅？

匹配差異
打破男女性別不平等？

主要觀念

與其關注男女工作的差異
不如在乎資源配置的效益

兩性之間的話題，永遠不會退流行。

在職場上面，男女不平等甚至是性別歧視的議題，也常常是我在職場演講的時候，最容易被頻繁問及的焦點。

有趣的是，提問者大多是女性。也就是說，可能會有很多女性，覺得自己被不公平對待，是因為性別的差異，所以才會有這種被歧視的質疑。

然而，「歧視」或「不公」，真的只因為性別所造成的嗎？

曾在演講中，舉了個搬磚工作例子。我說假設有份搬磚工作，工資是以按件計酬方式計算；每搬一塊磚給一塊錢。

這時候如果有一男一女，分別來應徵工作，而且都面試成功。但是這個男生一小時可以搬 60 塊磚，賺 60 元，反觀女生一小時只能搬 30 塊磚，賺 30 元。

那麼雖然女生薪資只有男生一半，我們不會說他們工資有性別上歧視和不公。因為我們知道，這樣子的結果是體能力量的不同，所形成的差異，而這也是男女「天賦」的區別。

就像常常聽到的「男主外，女主內」，尤其小時候同學當中，好多都是農家子弟，更可以感受到這句話的理所當然。

所有務農人家的男性，不管是叔叔、伯伯或老爸，都必須頂著風吹日曬，在農地裡日出而作、日入而息。

因為這種體力活，男生就是比女生佔有更大的優勢。

同時，為了撐起一個家，摒除掉這些大量勞動的工作，還需要很多細膩、繁雜且需要手藝及腦力的活動，姑姑、阿姨和媽媽們，則扮演了關鍵的角色。

就像團隊的合作，
就像分工的匹配。

與其說是歧視、說是不公，倒不如說是在考量讓「生產力最大化」的情況之下，所做出的一種「資源配置」。

所以，這種因男女本身天賦不同所做的資源配置，本是一種理性的考量。

男女具備不同的天賦優勢，
職場需要不同的資源配置，

但是並不排除的確會有人，針對男女性別不同，而有成見上的差別對待；這就不在個人或企業能夠認可的範圍。

還有一個有趣案例，可以說明這種男女工作差異，就算在同樣產業，也會有完全不同面貌的呈現。

有次看見新聞報導，分別針對美國和中國的貨運碼頭，進行了深入分析。

新冠疫情期間，很多國際上的貨物到了美國西岸，由於碰到碼頭工人缺工，以至於形成了貨物雖然到港，但是卻沒有辦法運送到內陸的窘境。

而在這時候，我們看到了美國碼頭工會的強大，不僅要求資方提高工資，並且還要限制工時，避免勞工過於疲累。所以造成了龐大的貨物，堆積在港口沒有辦法快速消化的狀況。

或許有人會問，為什麼不透過自動化來減少人力需求？

原因就在於美國強大的工會，為了讓這些碼頭工人不被影響生計，所以杯葛了碼頭自動化的建議和進程。而因為這些碼頭工人，沒有辦法透過自動化的協助，所以就需要大量體力和耐力，因此清一色的幾乎都是男性。

後來把鏡頭拉到了中國大陸，特寫沿岸的五個重大港口，竟然發現所有碼頭不像美國一樣有絡繹不絕工人進進出出。

反而幾乎看不到有什麼人在碼頭上。

原來，中國大陸一開始在碼頭設計的時候，就把自動化搬運當成是一個必要條件，因此所有貨物運轉幾乎都是透過電腦機械控制而非人力。

更有趣的是當攝影機再把焦點移到電腦操控的後台，竟然發現這些後台的操作人員，幾乎大部分都是年輕的姑娘。

在報導中，記者詢問了港口貨運碼頭的負責人，為什麼後台大多都是女性？

結果這位負責人說，一開始其實也是沒有設限，只是經過不斷漸漸的人員汰舊換新，似乎女性在這份工作上的細膩程度較高、出錯率較小，所以留下來比較多的就是女性，如此而已。

同樣都是碼頭，美國男生居多，中國女生居多，雖然性別的資源配置不同，但是對於生產力效益最大化的需求，卻是相同。所以說，排除掉主觀的性別成見，讓男女工作搭配，能夠符合天賦匹配，才是在職場上男女不同位置的合理對待。

與其關注男女工作的差異，
不如在乎資源配置的效益。

思考練習

以自己上班企業為例，看看在不同部門的不同工作，是否有男女比例上差異？試著用生產力的效益，來解釋這種差異的情況？

時間投資

加班的本質到底爲何？

主要觀念

時間，是生命重要資源
加班，是時間重要投資

老媽一輩子工作幾乎都是和教育相關。

在我小的時候，她曾有很長一段時間，擔任我所在小學的代課老師。後來當父親在我國中時候驟然離世，母親就從一位家庭主婦，變成我們天主教會的幼兒園教師。

直到幼兒園改制成為特殊教育中心，母親又透過各種不同培訓，繼續擔任專業老師，在特教領域工作將近 20 多年。

雖然老媽教育的內容和對象或有不同，但是上下班時間的固定，生活和工作可以明確的區分，是她一直認為職場應有的模樣。換句話說，在她觀念裡——

上班就是上班，
下班就是下班。

就算是有加班，那也可能是因為學校裡要舉辦特殊活動，例如節慶或者典禮，才有偶爾的需要。

但這也絕對不是常態。

所以當我進入職場之後，她看到我幾乎所有的工作，不管是她完全陌生的半導體業，又或是看似熟悉、但是聽我解釋之後也懵懵懂懂的金融業，都需要長期且頻率極高的加班，就覺得不可思議也難以理解。

有次老媽在飯桌上忍不住問我：「到底為什麼需要這麼頻繁的加班？」

我看著老媽，輕鬆地笑著對他說：「當然是為了賺錢啊？」

我想當她聽到這樣子回答，肯定是以為所謂的「賺錢」，就是為了加班費吧？

但是「加班」，就跟「上班」本質是一樣道理，都是拿自己生命，也就是時間，去交換工作想要達成的價值或財富。

尤其是加班，不一定都有加班費可領，這也就讓很多人對於加班的「動機」，還有真正可以交換的「財富」到底是什麼？產生了很大的好奇。

李笑來老師著作《通往財富自由之路》，把財富分成了三類，分別是金錢、時間和注意力。

若以價值重要性來區分，那麼就是「注意力」大於「時間」大於「金錢」。所以對我來說，「加班」在本質上就是為了交換這三種不同價值的財富：

①金錢
②時間
③注意力

①金錢

加班對於交換金錢來說，有兩種最實質的收入分類：

A、已經賺到的收入

就像做生意接到了訂單，如果正常的上班時間沒有辦法完成交貨的預期，那麼加班就是為了賺到的收入，所投注應該有的時間成本。

再進一步想想看，如果沒有透過加班，不管是額外投入時間，以及更多加班費，這個已經賺到的收入，就會有可能因為沒有準時交貨，而變成客戶抱怨，失掉後續的客戶關係跟更多的訂單。

所以，加班不僅是為了已經賺到的收入能夠完整的實現。

這也是一種投資。
為了永續經營的投資。

B、想要賺到的收入

為了想要做生意接到訂單，很多時候要提出報告、製作樣品，在特定的期限內提供給客戶作為評選議價的參考。

那麼如果在正常上班之內，來不及把報告和樣品製作出來，利用額外的加班時間，就是必須投入的成本。

這也是一種投資。
為了獲取收入的投資。

②時間

我常說很多時候的加班，是為了以後不需要再加班。簡單來說，就是利用加班當成學習，快速讓自己上手，然後在「熟能生巧」的情況之下，未來可以儘量的減少加班。

就像我剛進入半導體產業上班，為了學習各種不同工作軟體，幾乎長達一個多月的時間，都在不斷加班。除了正式老闆交辦的事項之外，下了班都在研讀各種不同軟體的工具書，以及試著操作。

後來過了一個月之後，原來可能要花一整天才能完成的報告，在熟悉操作軟體應用後，可能不到一小時就完成了。

所以原來的加班，就是為了效率和效能的提升，為了賺取後續的時間。

這也是一種投資。
為了更多可支配時間的投資。

③注意力

在暢銷書《納瓦爾寶典》中，納瓦爾說過「當找到自己有熱情投注的工作，那就不用再工作了。」

這點跟《心流》（*Flow: The Psychology of Optimal Experience*）書中陳述的論點有異曲同工之妙，也就是做自己喜歡的事情，你就不會把它當成是一份工作，而是生命的一部分。

所以以前我們常常聽到「時間在哪裡，成就在哪裡。」這兩句話，除了大部分的人會把關注點放在「時間」之外，更重要的是「在哪裡」這三個字。

因為把時間所放的地方，也就是「在哪裡」，是我們最稀缺資源「注意力」的歸宿。

所以若加班是因為把注意力放在自己熱情事物上，那就是一種對生命的回報。

這也是一種投資。
為了實現美好生命的投資。

時間，是生命重要的資源，
加班，是時間重要的投資。

所以怎麼看待加班，
就是怎麼看待時間。

所以好好看待加班，
就是好好看待生命。

思考練習

看看自己的工作是否需要常常加班？而自己看待加班，主要的目的和觀點又是什麼？

自己過好

該如何面對不公平？

主要觀念

不同人生價值的呈現
不同機會成本的付出

第一次外派到上海半導體公司工作的時候，由於初期核心幹部人員不是很多，加上彼此朝夕相處，感情自然和原來大公司只有職場正式關係相較起來，人與人之間的距離比較靠近。

尤其大家都住在同一個小區宿舍裡面，晚上還會一起串門子吃飯，自然而然地會偶爾喝點小酒，聊些心裡話。

其中有位高階主管，雖然平常喜歡他的溫文儒雅，待人和善，但畢竟他的職位頗高，也僅止於點頭之交。

只知道他資歷背景非常豐富，年紀輕輕就在美國取得博士學位。後來一路從美國上市公司，迅速升遷，又不斷被各個優秀企業挖角，幾乎跑遍全世界。

最後被我們公司網羅，又從台灣到了大陸，成為當時在上海公司的核心高管。與同齡人比較起來，他可以說是成就非凡，令人豔羨。

有次茶餘飯後，咱們幾個好友很讚嘆的對他說道，真希望能夠像他一樣，有如此不凡的成就。

或許是酒喝多了，也或許是關係近了。他竟然悠悠又略帶感傷的對我們訴說：「再有成就又如何？離家已經二十多年，每年待在家時間才不到一個多禮拜。

現在每次回家，要不就是跟孩子沒話說，要不就是孩子不在家。連老婆都感覺生疏………」

聽完他這一字一句，才發現——我們以為他的得天獨厚，是老天爺給他的禮物；我們以為他的出類拔萃，是人生勝利組的幸運。

原來，在羨慕背後，我們並不知道會有哪些遺憾。

這又讓我想到，有次接待一位從美國回來的女性友人，由於她已經將近十多年沒有歸國，所以在台灣的好友們，就聚在一塊兒為她接風洗塵。

她先生是美國知名醫學院的院長，而兩個小孩又分別從常春藤名校畢業，並在矽谷上市公司上班。所以，每個人對於她的幸福家庭與人生都讚不絕口。

然而，也不知道是客氣，還是真的心有所感，在大夥兒酒過三巡、菜過五味之後，她淡淡地說道：「當初好不容易負笈留學取得博士學位，也在上市公司工作了幾年。

後來為了孩子放棄工作、回歸家庭，雖然這些年來看著先生和孩子都學業、事業有成，心裡很是安慰。但是，看到你們好友各個在事業上都有一片天，我也好想嘗試一下這樣子的感覺。」

雖然，飯桌上友人們，在聽完她心聲吐露後，也都紛紛鼓勵她，反正孩子大了，再加上現在職場多樣性，她可以試著重回工作，找尋自己另一片春天。但是，我們才發現——

原來，在羨慕背後，我們並不知道會有哪些遺憾。

《穿著 Prada 的惡魔》（*The Devil Wears Prada*）是 2006 年上映，一部令人深刻的電影。梅莉．史翠普，這位我非常喜歡的演員，在劇中飾演一位精明睿智，但是咄咄逼人又有點犀利苛刻的時尚雜誌女主編。

在外人眼中，她是位呼風喚雨、叱吒風雲的職場勝利組。但是，當得知先生要和她離婚的那一剎那，哭成淚人的她，是別人看不到的另一面。

原來，在羨慕背後，我們並不知道會有哪些遺憾。

不管是職場也好，或是生活也罷；常常會有人抱怨或慨嘆：「為什麼這麼不公平？」

其實，
你有你的公平，
他有他的公平。

每個人在不同角度之下，所看到的光鮮亮麗，以及所呈現的非凡價值；你永遠不知道在他的背後，有什麼相對應的付出，以及投入的成本。

不同人生價值，
不同機會成本。

每個人的出生不同、資源不同、境遇不同、嚮往不同、付出不同，甚至想法和思維也都大相逕庭。

既然樣樣不同，又如何互相比較？
如果無法比較，又怎麼定義公平？
所以，公平與否？或許——

與其和人比較，
不如自己過好。

自己過好，
這樣就好。

思考練習

自己在職場或是生活上面，有沒有曾經和別人比較，覺得不公平的經驗？而在「比較」過程當中，是站在什麼樣角度去看待公平與否？如果換個觀點，別人看待自己，會不會也有同樣的感覺？

分析建議

遇上問題，你是阻力還是助力？

主要觀念

與其只提問題（Problem）
更要能提建議（Proposal）

記得第一份工作在半導體公司的時候，每年都有「全面品質管理」（TQE，Total Quality Excellence）的競賽。

這項競賽的核心概念是希望透過賽事，來達到「持續改善」（Continuous Improvement）的目的。

所謂「持續改善」就是透過不斷發現問題、分析問題，並進而解決問題，讓公司的運營，以及提供給客戶的服務和產品，都能夠有更好的品質提升。

當然最終目的，是要創造公司更好的價值，進而帶動效益和獲利。

所以，為了建立「持續改善」的觀念與學習應用的工具，那時候公司的一堂課程「問題分析與決策」，幾乎是所有工程師，甚至是管理人員都必修的科目。

有次在參與這堂課結束之後，進入到提問環節，便有位剛進入公司不到半年的同事，請教講師說：「雖然解決問題非常重要，但是很多時候，並不是所有問題我們都有能力解決，那是不是在這種情況之下，應該把問題提給老闆？」

在講師還沒有來得及回答的同時，他又繼續追問：「尤其很多狀況，都是人與人之間相處的問題，是不是應該請老闆來主持公道，並進而解決比較恰當？」

這位講師，同時也是公司資深的領導，很有耐心地聽完同學提問之後，並沒有直接回答他的問題。

反而是微笑著對他問道：「您是說如果遇到沒有辦法解決的問題，或是人與人之間相處的問題，要不要把問題直接提報給老闆是嗎？」

那位同事點點頭。

然後，這位講師又繼續追問：「你是會只把問題提給老闆嗎？還是你在提給老闆問題的同時，會先做些什麼？」

聽完講師進一步的追問，這位同學整個人愣在那邊，然後小聲地回答說：「除了提問，我還需要做些什麼嗎？」

這時老師環視著全班一會兒，然後笑著對他說：「我們這堂課不是叫做『問題課』，而是叫做『問題分析與決策』。

雖說我們希望老闆能夠幫員工做決策。

但是除了提出問題之外，面對問題第一線的員工，不是應該先針對問題做分析，並提出可能的解決方案，才能讓老闆做出適當的決策嗎？」

記得我老闆以前常掛在嘴巴上的兩句話：

與其只提問題（Problem），
更要能提建議（Proposal）。

不管是要老闆解決難題，又或者是要處理同事之間的紛爭；其實本質上，都是要盡量讓公司獲得效益。

所以，如果沒有任何分析，或是建議的評估，只純粹提供問題給老闆，那麼老闆又如何能夠做出決策，給出公道的判斷與選擇？

換句話說，
如果員工只會提出問題，
那麼員工就是最大問題。

問題，只是種阻力；
建議，才是種助力。

如果要老闆協助解決難題，並且主持公道，那麼身為員工的我們，就要協助老闆看清楚事情的全貌，這就是提供分析、提供建議的本質。

提供分析的全貌，
才有應得的公道。

難怪我以前老闆，在他辦公室牆上要掛著兩個字的匾額，「放心」。

他曾說，好的員工，就是會讓老闆「放心」的員工。好的員工，不一定要非常優秀，不一定要非常突出，但是一定要幫老闆，看見老闆看不見的地方。

不只發現問題，
更能給出建議。

才能夠讓老闆放心，協助做出好的決策和好的選擇。而好的選擇——

就是公道，
也是正道。

思考練習

平常在工作上面碰到問題的時候，自己是習慣性的只提問題，還是會先做功課分析問題的原因，並提出適當的建議？試著實際操作從提出問題，到給出建議的做法。

多元思維

別人不採納我的專業怎麼辦？

主要觀念

提供「特定專業」是爲協助決策
整合「多元專業」是爲制定決策

有次在企業內訓，幫一家大型上市公司上「專案管理」課程。下課期間有位同學特別過來找我，直接問了我一句：「老師，如果老闆不尊重我的專業，該怎麼處理和面對？」

聽完他略帶沮喪的提問之後，我停了一下，然後請教他，是沒有「尊重」他的專業，還是沒有「採納」他的專業？

被我這麼一問，反而換他愣在那兒，想了半天，一時半會兒沒有回答我。

這就讓我想起有次我們幾位被政府邀請的創業投資顧問，共同去輔導一家新創公司。

其中有位輔導老師以他的專業經驗，建議這新創公司應該要導入 ERP 系統，才可以提升他們的運營效率，並降低人工作業的出錯率。另一位輔導老師，不僅同表贊成，還特別提供了更加專業意見，分析在市場上各家不同 ERP 系統的優缺點。

然而，儘管大家興高采烈、口沫橫飛的提出各種不同專業建議，但是可以明顯的感受到這位新創公司執行長，並沒有展現出積極的意願和神態。

只見他偶爾抬頭看看我們，又一個勁兒的低著頭玩手機，好像若有所思，又彷彿心不在焉。

當然，我們也就沒有得到他正面採納，有關於顧問們對於 ERP 建議的回覆。

還有幾位顧問在會議中場休息的時候，小聲的和我抱怨，感覺這位創業家不是很尊重大家的專業意見。

後來會議結束之後，我刻意晚了幾分鐘離開，過去詢問這位創業家執行長，對於我們剛才建議的看法，是不是因為心中不認同才沒有表態。

由於我和這位執行長是舊識，關係比較親近，他才放心的告訴我，原來他剛才在聆聽專家們的分析過程當中，也大致在手機上查詢了一下，ERP 系統的花費成本大概需要多少錢。

而專家們建議的系統，費用非常高昂，所以他憂心現金流可能承擔擔不起。但是他也覺得這些 ERP 系統，對於公司運營有非常大幫助，所以心中陷入了兩難。

聽完了他的回饋之後，我才理解他並不是不尊重專家建議，而是有財務上的考量。卻又不好把這樣子的煩惱，表現給這些投資他的利害關係人知道，怕造成不必要的困擾。

在理解了這個狀況之後，我立刻撥了個電話，給我認識的金融界老友，看看是否能夠用分期付款方式，又或者是短期融資，提供資金上的解決方案。

結果經過這麼一圈溝通下來之後，整合了「運營」、「系統」和「財務」多方面的專業，才終於把這個系統的採購案給敲定。

決策，從來不僅僅——
只是需要「單一專業」，
更是需要「多元專業」。

這也是為什麼查理．蒙格（Charles T. Munger）所著述的《窮查理的普通常識》（*Poor Charlie's Almanack*），特別強調「多元思維」的重要性。

每一個人或每一位員工，在他的工作位置或角色觀點上，提供特定專業的意見是一種「責任」。

但對於決策者來說，所有專業意見，最重要的是「參考」，而未必是「採納」。

因為擁有多元專業，才能夠在決策參考上，能有更多元思維，也才可以選擇並採納對於公司或團隊較有利的方案。

提供「特定專業」是為協助決策，
整合「多元專業」是為制定決策。

既要特定，
更要多元。

協助決策是助攻，
制定決策是主攻。

做好助攻，
才能主攻。

思考練習

想想自己在工作或生活上，不論做任何決策的時候，是否也是參照各種不同的專業，才會做出定論？
試著舉一個例子，看看決策可能包含哪些各種多面向的專業？

價值反饋

公司有義務要培訓員工嗎？

主要觀念

培訓本質就是事前投資
投資目的就是追求效益

每個公司幾乎都有內部移轉制度，也就是讓員工有嘗試不同工作的機會。而藉由這種方式，可讓員工擴大視野，並了解是否有他未知但卻擅長的領域。畢竟──

沒人能成為他不知道的角色，
沒人能選擇他不理解的工作。

像我任職財務會計，就是在台積電那段時間，從工業工程部門轉職後開始。由於以前在學校唸 MBA 主修財務和投資，所以在轉職前，心裡覺得應該是很容易上手。

沒想到，在財務會計部門第一份任務，就是參與公司在大陸首個投資專案。而這個投資專案，所涉及到的領域和專業，其複雜和龐大程度，遠遠超出我的想像和能力範圍。

包含兩岸之間法規，投資優惠抵減、多樣化的保險、人事規章不同所造成的人力資源成本差異等等。甚至有些機台不是新購，而需從台灣移轉到大陸，所以還必須重新給個合理的移轉定價；這些種種和財務會計相關的細節，都完全和以前所學大相徑庭。

為了讓總經理和管理階層，能夠更清楚理解未來因不同經濟情勢，可能產生的財務和資金變化狀況，並做出適當的決策。所以，我必須持續提供在各種不同假設之下，所模擬出來的財務模型。

此外，在模型裡面所必須設定的各種假設、參數，以及作為決策攸關數據的解釋，對於新加入專案的我來說，也都是全然陌生。再加上一開始這樣子的專案，有他必要機密性存在，以至於參與的核心人員不多，在財會小組裡面，只有我和直屬老闆兩人。

因此，我直屬老闆幾乎就是我的明燈、我的一道光，每天手把手的帶著我一點點、一步步地前進，灌輸我、指導我所有應具備的專業和知識能力。

記得第一次我自己獨立完整設計出財務模型，並且製作被認可的簡報內容，是在加入專案後的兩個多月。那種從戰戰兢兢的菜鳥，到被老闆及總經理稱讚的心情，到現在幾乎都還歷歷在目、餘韻猶存。

有次在一整天疲憊工作，且加班到深夜之後，老闆帶著我去吃宵夜，順便小酌一杯。我忍不住就對老闆表達感謝之意，謝謝他這一段時間來的盡心盡力指導我、培養我。

沒想到，他竟然笑著回覆我說：「你可不要這麼講，好像我是為了你好。**其實，我是為了自己好。**」聽他這麼說，我也不以為意，認為他就是個謙辭，所以就順勢拿起酒來，幫他斟好、斟滿。

接著，他又繼續說到：「不要以為我在說客氣話，我真的是為了自己好。你想想，咱們現在就這麼兩個人，我也沒有其他人可以用。

如果我不把你給教會，那麼所有的事情我都得自己幹，我又哪能夠挪出更多的時間，去進行更多的任務。所以，我教你教得越快越多，你越快學會，才能幫我分擔。

你說，這是不是為我自己好？」

我點點頭。

「況且，你要記住，不管是公司也好，或老闆也罷，都沒有義務一定要提供培訓給員工。

員工是為公司創造價值，是為公司帶來效益的。所以本質上，公司為員工提供培訓，是一種投資。而投資就是一種預先花費的成本。

會有這樣子的投資，也就是希望未來員工能夠提供大於投資的效益。這樣子培訓所付出的時間或金錢成本，才能真正體現他的價值。」

我點點頭。

「所以咯～」老闆繼續說，

「你要趕快變得很厲害，我才能變得很輕鬆，而你才可以真正變成幫公司賺錢的資產。

以後就算沒有人教，你也要自己把學習和培訓，當成是提升價值和獲取回報的基本。」

我點點頭。並在筆記本上記下——

培訓本質就是事前投資，
投資目的就是追求效益。

沒有人或公司有任何義務，給予自己提供培訓。

除非自己值得。

思考練習

回想自己在人生或職場的道路上，曾經受過什麼樣指導或培訓？而我們又透過這樣子的經驗，反饋過什麼樣的價值？

41

換位思考

需要搞清楚老闆想什麼嗎？

主要觀念

讓個人得利
讓團隊互利

除非自己創業，每個人進入職場之後，除了少部分的人，會安於在自己工作上簡單過日子，大多數人可能都希望能夠「升官加薪」。

其目的除了是被肯定的成就感，更重要的是「加薪」能讓財富資源變多，提升生活安全感；而「升官」當上老闆，除了成就感，也同時滿足加薪願望，可謂一舉兩得。

當然，升官需要老闆的認可和支持，所以「上行下效」、「有樣學樣」，老闆怎麼做，屬下跟著怎麼做，便成為一種很自然的邏輯。

甚至有時老闆還沒有做，屬下就預測老闆會怎麼做，來希望得到老闆的肯定，也就是常聽到的「揣摩上意」。

這麼說起來，知道老闆怎麼想，預測老闆怎麼做，真是件非常重要的事情嗎？真的是升官加薪的必要條件嗎？

記得我在半導體擔任資深工程師職務的時候，有次適逢同部門裡的大學學長被拔擢成為經理。

除了為他感到高興，最重要的是在他晉升茶會的那天，鮮少出現在我們聚會的處長，也蒞臨致詞。

他說和我們學長共事已經非常多年，也一路看著他從工程師、資深工程師、副理，到今天的經理。

事實上，他們倆是屬於完全不同、互補型的存在，個性、想法常常南轅北轍。

但是，他說學長最重要的特質，是常常能夠站在更高維度和位置去思考事情，並提出寶貴的建議。

他在乎的，不是自己的老闆會怎麼想、怎麼做，而是假設自己當上老闆之後，應該怎麼做才會「比較好」？

這個「比較好」，當然就是多元化、多面向的效益，包含讓公司賺錢、讓客戶滿意、讓團隊同心，讓經營持續等等。

換句話說，處長認為學長是——
先做上老闆的事實，
才坐上老闆的位置。

記得中國大陸知識內容品牌「得到」主理人羅振宇曾經說過，升官或當上老闆，其實是一種「追加」的程序。

也就是你真正具備老闆的能力，展現了老闆的實力，在甚至沒有得到老闆的權力之下，都還能夠完成在老闆位置所擔負的責任。

想想看這樣的人，不被晉升拔擢成為老闆，誰還能夠勝任？
或許有人會質疑，還沒有擔任老闆，怎麼能做老闆的事情？

那麼，環顧一下周遭同事或是朋友中——

有沒有所謂的「意見領袖」？
有沒有所謂的「專案經理」？

是不是雖然有人不是「老闆」，但是卻具有「老闆樣」？
是不是雖然有人不是「領導」，但是卻具有「領導力」？

那什麼是「老闆樣」？
那什麼是「領導力」？

或許每個人的想法不一樣，但是對我來說，有兩句話一直銘記在心：

讓個人得利，
讓團隊互利。

如果凡事都能夠站在別人的立場換位思考，就會有更多機會，獲得別人支持，讓他人願意跟你共事。

倘若有更多優秀夥伴一起共事，那就有更多機會能夠成事，讓大家都能得利。

身為老闆或是領導，就是凝聚一個一個的個體，讓個人得利，讓團隊互利。

所以，

與其揣測老闆個人想什麼，
不如在乎老闆格局要什麼。

要的就是——

讓個人得利，
讓團隊互利。

思考練習

在你心目中好老闆，要具備哪些特質？是否在工作場合，或者身旁周遭，存在不是你老闆，但你卻願意跟隨的對象？試著寫下，你願意跟著他的原因為何？

42

資源複利

如何衡量自己的績效？

主要觀念

幫公司賺時間，就是提升效率
幫公司賺現金，就是提升效能

績效考核，幾乎是每家公司，在年底都會針對員工進行的評比工作。

如同學生們的期中、期末考，又或是類似各種不同的檢核、測試。主要目的，就是要看看是否達到原有預期的目標。

考試，最常看的是分數。
績效，最常看的是指標。

這也是為什麼我們會聽到在公司裡面，不管是個人也好，部門也罷，常常會有所謂的績效指標（PI，Performance Indicator），又或者是關鍵績效指標（KPI，Key Performance Indicator）。

還記得在半導體產業工作，台灣總公司到大陸成立新公司的時候，當地新招募的人力資源主管，有次在經營管理會議向大家匯報新的績效考核制度。

在簡報上面，他洋洋灑灑列出評估員工的 28 條關鍵績效指標（KPI），想要作為給所有主管年底考核的提案。

而我們的執行副總，一看到簡報，忍不住當場笑了出來。

然後大咧咧對著這位人力資源主管說：「關鍵績效指標，是 KPI 耶，關鍵的英文字是 Key，也就是鑰匙。如果衡量一個人有 28 把鑰匙，開起門來會很累喔。

到最後，大家都搞不清楚哪一個是最關鍵，就變成了老闆對員工的主觀印象分數了啦。所以，還是認真考量一下，把這個 KPI 的數量稍微減少一點。」

聽完這位執行副總的評語，雖然人力資源主管臉色是紅一陣、白一陣，但是卻獲得了所有在場經營管理階層的認可。

其實有些行為是不能用績效，或者分數來衡量，他就是 0 與 1 的區別；也就是不能越過的紅線。

比方說，我曾任職的多家公司，都明令不能收受賄賂，也就是大家常聽到的**誠信**（Integrity）。

還有類似吸毒、詐欺，或是其他事由所造成的違法事宜，很多公司也都是一旦發現，不管員工再怎麼樣優秀，也會請他離開走人，因為「合法」是做人和經營的底線。

那如果在合乎底線，沒有跨越紅線的情況之下，又能夠簡化表現出員工的關鍵績效指標（KPI）是什麼呢？

每當別人問我這個問題，我就會告訴他可以參考財務上的「**總資產報酬率**」。

總資產報酬率＝淨利 / 總資產

譬如說你投資 100 萬做生意，過了一年之後，除了把本錢收回來，還淨賺了 10 萬，那麼總資產報酬率就是 10%。

如果覺得這個名詞太過於專業，那麼就可以把它想像成是銀行的「**利率**」。

如果 A 銀行的存款年利率是 5%，B 銀行是 10%，那麼當我們決定要把錢存在銀行的時候，一定會選擇利率比較高的 B 銀行。

因為在同樣的時間，也就是一年裡面，如果存進 100 元，A 銀行能夠賺 5 元的利息，B 銀行能夠賺 10 元的利息，那當然是選擇讓我們財富可以迅速累積的 B 銀行。

這就是我們常聽到的「**複利效應**」。複利的「利」，可以是銀行的「利率」，也可以是「總資產報酬率」。複利的「複」，就是複製，也就是錢滾錢的概念。

如果把同樣資源，透過更高的利率，或是更高的總資產報酬率，就可以快速累積更多的資源。所以簡單來說，不管是公司和個人，在希望將自己有限的資源快速累積的情況之下，「總資產報酬率」就是一個非常好的關鍵績效指標。

如果把公司的銷售額納入考量，那麼總資產報酬率的公式可以被分解成兩個要素：

總資產報酬率
＝（淨利 / 銷售額）╳（銷售額 / 總資產）
≡淨利率╳總資產周轉率

淨利率就是「賺得多」，就是我們常講的「效能」；而總資產周轉率就是「賺得快」，就是我們常講的「效率」。

所以如果把每個員工，都當成是公司的資產來看，那麼以總資產報酬率這個關鍵績效指標來衡量，每個員工只需要關注兩件事情：

幫公司賺時間，就是提升效率；
幫公司賺現金，就是提升效能。

所以不僅是前端業務人員，有明確的銷售指標；就算是每個在崗的後勤人員，只要能夠隨時優化自己工作流程，就是幫公司賺時間，也是幫公司省成本，更是幫公司賺金錢。

也就能最簡單、直接又明確地體現自己的績效。

思考練習

以自己的工作為例，看看可否用「賺時間」提升效率、「賺現金」提升效能的觀點，來衡量自己的績效？

說到做到

應該答應被交辦的分外工作嗎？

主要觀念

要知道量力而爲
才做到盡力而爲

「如果老闆或同事，要求或交辦我做分內以外的工作，是否應該答應？」

每當有人提出類似的問題，我就會陷入沉思。

主要思考的並不是應不應該答應，而是什麼叫做分內工作？而什麼又是分外？

對我個人而言，在整個職涯發展過程裡面，只要老闆交辦的事項，都被我歸類成分內工作。而也因為各種不同的任務交辦，才讓我涉及的領域越來越廣，讓我的「分內工作」範圍越來越大。

所以，其實「分內」又或者是「分外」，從來不是我關心的重點。因為，對我而言——

願意做的事情就是分內，
不願做的事情就是分外。

畢竟，如果我做得越多，分內工作範圍越來越大，也代表著我的能力不斷攀升，那麼自然而然地，也代表著我被需要的價值更為顯著。

因此，回到一開始的問題，真正關鍵是「應該」兩個字。換句話說，到底是否「應該」接受，不管是老闆又或是同事交辦的工作？

原則上，如果是從來沒有做過的工作，對個人而言就是一種新的嘗試、一種能力的擴張，對自己本身有好處，所以站在提升價值的立場來說，應該接受。

然而，即便是曾經做過的工作，當別人有求於你，也是個難能可貴，並且可以幫助他人和他人建立良好關係的機會。

什麼叫做「人脈」？我聽過最喜歡的定義就是——

人脈不是你認識多少人，

人脈應是你幫助多少人。

當我們「幫助」他人的時候，就像往他人的生命帳戶裡面「存款」；只要我們願意存得越多，我們就越富有。

所以，若以幫助他人、建立人脈的觀點來說，別人交辦給我們的事情，答案似乎也非常的明顯，應該接受。

因此，他人交辦工作——

站在累積經驗的立場，應該接受；

站在建立人脈的立場，應該接受。

但是，真的是如此嗎？

一旦答應別人的要求或交辦事項，那就是一種「**承諾**」。

對於承諾，最關鍵的不僅僅是期初的答應，更重要的是確實的「**履行**」。也就是我們常聽到的「**說到做到**」。

記得在台積電工作的時候，公司企業核心價值和經營理念的第一條就是「誠信正直」。對於這四個字解釋，最令我印象深刻的就是：「對客戶我們不輕易承諾，一旦做出承諾，必定不計代價，全力以赴。」

這也是為什麼後來每當自己或是共事的團隊，我都會和彼此分享，只要別人交辦或要求我們做事的時候，不要在第一時間說「不」。

因為只要說「不」，就是拒絕，就是立刻把機會往外推。拒絕久了，把機會擋在門外多了，那麼也就是把自己成長的道路給封了。但這也並非意味著必須得立刻答應。

真正適當的回饋，是應該告訴對方等你一下，讓自己有餘裕，先衡量可用的資源，包括是否有時間、有金錢、有人力等等。在確保能夠「履行承諾」的情況之下，再答應對方的請求，才避免「輕諾寡信」。

畢竟，「信任」是所有價值展現最重要的基石，也是在職涯裡不可或缺的品質。

信任，讓人放心，
信任，讓人安心。

所以——
不是應不應該做，
而是做不做得到。

做得到才是好事，
做不到就是災難。

要知道量力而為，
才做到盡力而為。

思考練習

如果有人要交辦自己從來沒有做過的任務，你會有怎麼樣的反應？試著以自己過去曾經遇過的實際案例，搭配文章的分享，看看是否有相同或不同思維的啟發？

44

價值認定

如何評估工作價值？

主要觀念

關注滿足需求
建立轉換成本

記得剛開始在職場工作，我待的課室小組成員共四位，常常聊天的時候喜歡學老闆說話。

尤其是大家口徑一致的都認為，最怕從老闆口中說出的話就是：「某某某，你做的東西不是我要的！」簡單一句回覆，不管老闆口氣再怎麼溫柔，通常聽完整個人彷彿被打進谷底，感覺工作成果價值瞬間歸零。

相對的，所有人最期待老闆口中說出的一句話就是：「你辦事，我放心。」

好像一旦得到這種信任之後，就建立了不容易跨越的「價值門檻」，不管其他人再怎麼優秀，只要有這樣的評價，便能讓員工有了難以被取代的價值感。

所以每當有人問我怎麼樣建立「工作價值」的時候，我都會拿出前面老闆的回覆，當作是鮮明案例。因為這其實分別代表著兩種工作價值認定的底層邏輯，一個是「別人想要」，另一個則是「難以取代」。

這兩點跟商品價值是同樣的道理。如果商品是「別人想要」而且「難以取代」的話，那麼價值就會很高；反之，價值就不會被看重。

別人想要：關注滿足需求

猶記在台積電首次擔任專案經理的時候，常常需要各種提案，並整合跨部門，納入相當多人的意見。所以每次把提案報告給我的直屬長官過目，他都不厭其煩、耳提面命地告誡我：「千萬不要埋頭苦幹，一定要抬頭苦幹。」

剛開始聽他這麼講，我就是一臉懵圈，完全不懂他這話是什麼意思。

然後他便諄諄教誨地說：「不要以為提案完就算了，有任何進度變更，都要隨時和涉及專案的利害關係人做確認。**不要自己悶著頭做**。這個不僅是尊重，更是要確認滿足專案成員們的需求。」

然後老闆更一字一句強調：「不論是任何工作和報告，就和產品買賣一樣，只有隨時滿足用戶需求，這些付出才真正產生價值。」

換句話說，
別人想要，才有價值；
別人不要，沒有價值。

難以取代：建立轉換成本

說實話，回頭想想我的這位直屬老闆，真是職場貴人，不僅教了我非常多實用的工具，更是提點非常多智慧的思維和道理。

他不僅要求我，除了隨時關注工作是否滿足用戶需求之外；更要我與時俱進，持續建立難以被取代的能力。

最讓我記憶深刻的，就是他辦公室後面有幅用毛筆字寫的小匾額，上面大咧咧兩個魏碑字體「放心」。

有次他把我叫進辦公室，在聊完專案進度後，指著背後的「放心」對我說：「你知道這是什麼意思嗎？」

被他猛然這麼問，我下意識地搖搖頭，靜靜等著他的詮釋。

他說：「不管是工作也好，又或者是產品也罷，真正我們提供給消費者或是用戶，甚至是我們給老闆的服務，其實都是『放心』兩個字而已。

只要放心久了，老闆也好，用戶或消費者也好，就會喜歡用你，習慣用你，你的價值就提升，你的品牌也就建立。而你在老闆和用戶心目當中，也建立了非常高、而且難以取代的轉換成本。」

所以，
轉換成本高，價值就高；
轉換成本低，價值就低。

思考練習

以自己工作為例，「關注滿足需求」和「建立轉換成本」，是否適用於本身價值的提升和認定？

關注匹配

如何量化自己的工作價值？

主要觀念

職場就是關注匹配
價值就是門當戶對

剛進入創業投資產業工作的時候，常常會參加一些團體安排的媒合會。

所謂「媒合會」，顧名思義就像媒人撮合一般，這些主辦團體會邀請許多創業團隊和投資人聚在一起，並透過創業團隊分享，讓投資人們能夠理解，進一步看看是否有投資的機會。

有次在媒合會上遇到了一家優秀的網絡新創公司，會後我們兩三位投資人，還特別約了這位創業家和他營運長，一起去會場旁邊的咖啡廳續聊。

一邊喝著咖啡，一邊這位創業家執行長還特別邀請我們能否推薦人選，擔任他們公司的財務長。

這時，我們一位投資人大哥，滿臉疑惑地問他：「你們公司不是才剛起步嗎？現在已經有非常多生意，或是有很大、很複雜資金需求規劃嗎？為什麼需要一個財務長的職位？」

執行長聽完，有點害羞的回答說：「其實目前我們都還在試運營階段，資金需求不大。至於做生意交易部分，雖然有一些小單，但是我和營運長兩個人花一點時間就可以處理了。」

喝了一口咖啡之後，他繼續說：「只是很多人建議我們建立完整團隊很重要，尤其是未來財務規劃非常關鍵，所以優秀財務長就是不可或缺的存在。」

聽完他的回饋之後，咱們這位投資人老大哥笑笑地對他說：「財務長確實是很重要，但是以你目前現在公司的規模，可能暫時還不需要，如果花了高薪把他給請進來，不僅是他可能英雄無用武之地，你也會花費過多的成本。」

後來咱們幾位投資人幫他算了一下，以他目前經營狀況，就算找一位專門會計人員，一個月花上兩三萬塊都嫌太貴。只要把所有交易憑證整理一下，交給一般會計事務所幫忙記帳、彙整報表，這樣一個月大概只要幾千塊錢的費用。

聽完我們的分享，這位執行長似乎恍然大悟。

不是人力不需要，
只是時候還未到。

換言之，
公司需要的不是人力，
而是解決問題的能力。

所有解決問題的能力，對於公司來說是為了要創造效益。

因此，取得能力的成本，必須不能大過創造的效益，要不然會讓公司趨向虧損。所以像公司需要處理會計的能力，除了可以選擇招募全職員工，也可以外包給專業的會計師事務所。

而這樣子的選擇概念，就取決於「招募人員」和「外包服務」這兩者之間，哪一個比較划算？

如同前面例子，如果招募正職人員一個月薪資是三萬元，那麼在不考量其他的因素狀況，單以成本來看，除非公司業務量持續增加，讓外包給會計師事務所的成本超過三萬元；要不然外包就是一個不錯的選擇。

反過來說，我也常常被職場上的人們問道：「我要怎麼樣才能夠衡量自己創造的價值？並且知道公司付給我的薪水是合乎自己的價值？」

我會告訴他，最簡單方式就是看看市場同樣位置的價值，或是把自己丟到市場上面，看看市場給自己估算什麼樣的價值。

說大白話，就是去「求職面試」。

從我在職場開始當主管，我就不斷鼓勵團隊，每年都要更新自己履歷表，並且嘗試去不同的領域或公司面試。

如果面試的結果不如預期，不管是薪資或者是職位都比不上目前公司，那麼自己可就要好好更加努力，提升價值。

但是如果面試結果超乎預期，也就是薪資或職位都比目前公司好，那麼不僅會比較有談加薪的籌碼，也讓自己或許有「良禽擇木而棲」，跳脫現狀而擁有更好選擇的機會。

所以，若你不是屬於業務人員可以直接幫公司賺取收入，或者是採購人員可以直接幫公司節省成本。那麼在「量化」工作價值，以作為加薪的衡量上面，可以參考兩種方式：

1、看看自己工作外包的成本，
2、看看自己求職面試的價格。

總之，
外包，是看工作的價值，
面試，是看自己的價值。

讓工作匹配自己的價值，
讓自己匹配工作的價值。

職場，就是要關注匹配，
價值，就是要門當戶對。

思考練習

通常自己在看待工作價值這件事情，是透過什麼方式來衡量？是否曾經嘗試過定期面試，測試自己的市場價值？而面試結果以及面試結果的心態又是如何？

以終爲始

需要在乎結果還是過程？

主要觀念

結果是爲了見到不一樣的自己
過程是爲了找到不一樣的自己

《論語‧雍也》篇中有這麼一段文字，「冉求曰：非不悅子之道，力不足也。子曰：力不足者，中道而廢。今汝晝。」

在文中所寫「中道而廢」，也就是我們一般常理解「半途而廢」這四個字。

南懷瑾先生在他《論語別裁》中，針對這段話解釋是：「冉求有回對孔子說，我並不是不喜歡、不景仰老師所說的道理，只是我的能力沒有辦法達到而已。

孔子聽完後對冉求說，你並不是能力不足，就算你努力嘗試過，做到一半失敗了也沒有關係，至少你有曾行動過。

而如今你卻畫地自限，還沒開始，就說自己不行，這才是最要不得的心態。」

換句話說，「半途而廢」這四個字，以南懷瑾先生角度來說，並不是個負面名詞，反而是代表「勇於行動」的積極象徵。

也就是說，雖然「結果」重要，但是不論結果如何，勇於前進去經歷達標的「過程」也很重要。

這讓我想到《納瓦爾寶典》書中提到，納瓦爾給自己設定一個未來時薪 5,000 美金的工作目標，並且到處把這樣子的目標和別人分享。

可想而知，大多數的人聽到他這樣子的目標都會嗤之以鼻，覺得是癡人說夢。因為不要說時薪 5,000 美金，就算是時薪 500 美金，甚至是 50 美金，都是一份令人豔羨的工作。

但真正的關鍵是——

目標，不僅為了達成，

目標，更是為了開始。

因為，如果當我們把目標設定是時薪 5,000 美金的時候，我們就會試著去尋找如何達到 5,000 美金的方法和過程。

然而當我們把目標設定是時薪 500 美金，又或者是時薪 50 美金的時候，我們就只會去試著尋找如何達到 500 美金、又或者是 50 美金的方法和過程。

所以，雖然尋找目標 5,000 美金時薪工作的結果，不一定會如預期。但是至少會有非常大的機會，我們的結果能超越那些把目標設定在 500 美金和 50 美金時薪的人們。

從來沒有極限，
只有畫地自限。

還記得我剛開始參加馬拉松比賽，從半馬 21 公里，到全馬 42 公里，不同的目標、不同的結果，也讓我的訓練有著不一樣的過程。

為了能夠得到平安完賽半馬的結果，我平均每個月跑量將近是 100 公里。

為了能夠得到平安完賽全馬的結果，我平均每個月跑量達到了 200 公里。

期待不同的結果，
就有不同的過程。

在完成了馬拉松賽事之後，我開始進軍鐵人三項的比賽，持續突破自己的極限。但是第一次的標準鐵人 51.5 公里的賽事，我就鎩羽而歸，因為訓練不足而放棄了比賽。

也就是「半途而廢」，沒達到預期結果。

但正因為這個經驗，讓我後來在半超級鐵人 113 公里，以及超級鐵人 226 公里的賽事，都重新制定了不同的訓練過程，而最後也都達到了預期的結果，平安順利圓滿完賽。

所以，每當別人問我，在前進夢想或是邁向目標的路途上，到底要在乎結果還是過程？

我說——
結果過程，
缺一不可。

結果是為了見到不一樣的自己，
過程是為了找到不一樣的自己。

想要見到，
才會找到。

思考練習

回想自己在人生設定目標的時候，有沒有因為結果的不同，而重新調整並修正達標的過程？
而過程的不同，是否對結果會有顯著的影響？

能力擴張

跳槽只是爲了增加薪水嗎？

主要觀念

擁有不一樣的視界
才有不一樣的世界

有位年輕好友剛進入職場，在公司待了兩年，雖然績效名列前茅，卻一直都沒有被升官加薪。

後來因緣際會之下，有其他公司招手邀請他加入團隊，不僅升官，並且讓他的薪資大幅提升，這麼一下子，開啟了他的跳槽之旅。這個經驗彷彿在告訴他，人生成就財富累積之道，就在於轉換跑道。

直到連續幾次換工作之後，有家新公司在給他錄取通知的同時，也希望他能夠簽署一份至少在公司待滿三年以上的同意書。換言之，公司希望用高薪，換取他至少三年為公司穩定付出的機會。雖然高薪很吸引人，但是三年不可以跳槽的限制，讓我這位年輕好友陷入了猶豫，並詢問我的意見。

其實很多人在職場工作的時候，常常會有時不我予，或是有志難伸的慨嘆。尤其是當自己表現績效很好，但是卻遲遲不能升官加薪的時候，更會覺得公司待人不公。

記得我一開始工作的時候，連續兩年績效考核都是優等，但是薪資和職等都沒有提升，心情就陷入了這種鬱悶。

直到有位前輩告訴我，你有沒有想過如果你本身的工作價值就有著「天花板」，那麼你的績效再好，也沒有辦法突破那個被限制的高度。

就像銷售人員，如果他鎖定的市場只是一個 1,000 人的小鎮，那麼這個 1,000 人的數量便是他的銷售業績天花板。除非他能夠拓展到其他城鎮，甚至是更大市區，例如上萬、十萬，百萬人口的地方，才能將績效持續不斷往上攀升。

這真的是一語驚醒夢中人。

別因工作範疇局限，
而使價值提升受限。

這也是為什麼很多人問我，換工作的原因是不是純粹為了薪水和收入，我都會告訴他那個是結果而不是原因。

真正的原因，是為了打開工作範疇，才能使得自己的價值提升。就像我曾經有一次在職場上轉換跑道，整個年薪降幅高達 40%。

很多人聽到我這樣子的選擇，都非常不解。

但是我心裡面知道，新的工作帶給我是全然不同的工作範疇和格局視野。

原有的工作內容是企業內部的產銷人發財，而換跑道之後的執行內容，除了原有企業內部運營之外，還包含和外界接觸的資產購併、技術移轉、合資談判，以及新事業的發展等等。

所以雖然看起來短期年薪是減少，但是長期對自己價值卻是大幅多元的提升，反而後來讓我的年薪成指數型的跳躍。

跳槽不只為了跳薪資，
跳槽更是為了跳能力。

回到前面年輕好友問我的問題，也就是該不該為了答應公司三年的承諾，而收下這份高薪的工作？

真正的關鍵應該是要看看新公司，未來三年讓自己發揮的工作範疇，是否有持續成長的空間？如果因為高薪而局限了自己的成長，那就等於是讓高收入限制了自己價值的擴張。

反觀不僅是高薪，而在這三年裡面有不斷挑戰打開自己新視野的機會，那麼在資歷與財力都提升的情況之下，當然就是個極佳的選擇。畢竟——

擁有不一樣的視界，
才有不一樣的世界。

思考練習

在過去工作轉換跑道的過程當中，自己真正在乎是薪資提升，還是能力擴張？詢問好友換工作的經驗，並驗證薪資成長和工作範疇之間的關係。

48

快速學習
如何提升自己不可取代性？

主要觀念

因爲不想被取代
所以不可被取代

從小住在台中后里眷村，所有鄰居感情都非常密切。

一方面是大夥兒都是來自於異鄉，顛沛流離之下相聚一堂，具有革命情感；另一方面也是因為朝夕相處，雞犬相聞、疾病相扶持，自然而然形成的凝聚。

而我姥爺，卻又別具一番風景。

雖然，大家關係都很密切，也很凝聚，但只要提到我姥爺，所有人都舉起大拇指，說他是村里不可被取代的存在。

每天從早到晚，幾乎不時就會看到他的身影，穿梭在左鄰右舍的巷弄裡。不管是打掃街道、修剪樹枝，甚至是清理水溝，又或是把自己耕種收成的蔬菜水果，分送他人。

曾經問他，為什麼要這麼忙活？

他輕描淡寫的告訴我：「不就是活動、活動嘛！要活就要動啊！」

這是我第一次聽到，把「活」和「動」兩字，連在一起的意義。那時感覺，只是把它當成姥爺在運動，就像字面上的意義——

要活就不要停下來，
要活就需要動起來。

直到多年後，一位職場主管告訴我，就像筋骨需要活動才會強健，心智和能力也需要持續不斷地活動，才能夠因勢利導跟著變動，符合環境和時代的需要。他說，

公司要活就要動，
個人要活也要動。

這次讓我理解，原來「動」不僅是字面上的運動，更是順應趨勢的推動與變動。

停下來就跟不上，
動起來才跟得上。

回想在職場這麼多年，很多老闆對我的評價是「很好用」。一開始對這三個字很迷惑也很敏感。

後來幾次跟老闆聊天，順便請教什麼是「很好用」，幾乎多數老闆一致的答案都是懂得「快速學習」，能跟著上組織或是公司成長的需求變動。

所以，「很好用」——
就是沒有停下來，
而是一直動起來。

有次我的主管不經意問我說：「你知道如何建立自己的不可取代性嗎？」

聽完他的提問，我搖搖頭。

接著他說：「就是當老闆或公司交辦事項給你的時候，不要在心裡面說 Why ？而要很開心的告訴自己說 Why not ？

Why，是抗拒。

Why not，是願意。

所謂『不可取代性』，就是不斷地透過『願意』這兩個字，讓自己快速學習、快速成長，快速提升自己，讓自己跟得上老闆或公司需要價值的變動。」

鄭家鐘大哥是我非常尊敬的長輩，在他新書《一個人的活法》發表會上，我曾有幸當與談人。

我說書名裡的「活法」兩個字，就已道盡此書的底層邏輯。

活，是以「水」就舌。

法，是順「水」而去。

活、法，都離不開水。

老子曾說：「上善若水。水善利萬物而不爭，處眾人之所惡，故幾於道」。水，從來不在意自己所處的環境，順勢就往前走，遇阻就繞個彎。

外在怎麼變，
水就怎麼動。

暢銷書《人類大歷史》（*Sapiens*）的作者哈拉瑞（Yuval Noah Harari），在接受訪問時說過，未來最不可被取代的能力，就是建立健全的心智模式。

而這個心智模式，就是不畏外在環境的變動，不畏拋棄過去的所學，可以隨時重啟，可以隨時更新。

趨勢怎麼變，
人就怎麼動。

像水一樣。

甚至有人問哈拉瑞，認為未來的教育會是什麼樣的模式？

他思考了一下，接著告訴大家，過去的學習像是在一個地方打下地基，蓋起高樓大廈，然後我們從一樓慢慢地往上爬，循序漸進地往上學習。

但是未來的學習，應該像是帶著移動式帳篷，如蒙古人的逐水草而居一般。

哪裡活得好，
就往哪裡去。

像水一樣。

快速學習，
迅速因應。

因為不想被取代，
所以不可被取代。

思考練習

以自己為例，有沒有在生活上或者是工作上，曾經學過的技能被新的方法或新的科技所取代，而讓自己重新學習之後反而具備不一樣的優勢？

先有再好

是否該拚命求好心切？

主要觀念

沒有一步登天的好
只有越來越好的好

很多人聽到我常常在演講的時候，會把「先求有、再求好」這句話掛在嘴上，就認為我是個非常豁達自在，容易放過自己的人。

其實，身為處女座的我，骨子裡的龜毛及求好心切，和對於追求完美的態度，是花了很長時間才逐漸慢慢地調整。

那或許有人會問——
求好心切不好嗎？
追求完美不好嗎？

那就要看情況了。

剛進入職場身為新鮮人的時候，為了求好心切，什麼都盡可能做到極致，就是希望給老闆一個好的印象，呈現一個好的表現。

有次老闆在週一大清早就給我份任務，請我做個簡報，並希望在週三一大早上班就交給他。

整份報告大概是三十多頁，我一開始用手寫的方式，把報告草圖都畫在了我的筆記本上。

但是接下來的兩天，我從第一頁開始，就花了大量的時間在表格設計，以及背景、插圖等等的尋找和配置上面。

再加上還有其他工作要忙，所以到了週二熬夜加班，也只不過完成二十多頁。

後來，到了週三一大早上班的時候，老闆準時向我要這份報告，我很為難地告訴他：「我還沒有完成。」並請他能否再給我半天的時間。

看得出來老闆在聽到我回答之後，面色極為不悅，並問我沒有完成的原因。

我也一五一十，把我其實早就快速在筆記本上完成三十頁草稿，但是卻花了大量的時間在格式設計，和插圖配置上面，以致於沒能及時完成的過程，簡略地向老闆做了報告。

還好有匯報這個過程，讓老闆也趁此機會向我好好教育了一番。

他說，三十頁報告，為了設計表格及插圖精美，花了大量時間以致於到最後沒有辦法整體交卷，那麼績效就是零分。

反觀，三十頁報告，如果當初就先用筆記本草稿方式，先整個做出簡報草圖，然後先不花大量時間在格式調整；那麼也許美觀程度不是一百分，但是三十頁報告能夠整體按時交卷，績效就算不是滿分，也不至於零分。

先求完成，
才有所成。

接著老闆又對我說，事實上，求好心切或是追求完美，固然是好；但是要知道自己要求的這個「好」，是不是對方所需要的「好」。

就像我希望簡報能夠精美的「好」。
並不是老闆期待準時交稿的「好」。

他最後還舉了一個鮮明例子，讓我一下子就恍然大悟。

他說就像我們從小參加各種不同考試，都希望在進入考場的那一剎那，能夠準備的很周全。

所以事前，再怎麼認真讀書，再怎麼認真死記硬背、求好心切都不為過。但是，當考試日期來臨那一天，我們總要能夠進入考場考試。

如果因為自己準備不夠周全，就連考場都不進，那麼就像我沒有交報告一樣，考試分數為零，績效也肯定是為零。

先求完成，
才有所成。

沒有一步登天的好，
只有越來越好的好。

每個人都有小時候，
朱元璋也曾癩痢頭。

不是不要求好心切，
要先求有再來求好。

沒有奇蹟，
只有累積。

先求完成，
才有所成。

思考練習

在人生或是工作經歷當中，有沒有因為求好心切，反而弄巧成拙的經驗？
而自己對「先求有，再求好」是抱持著什麼樣的態度和意見？

樂於分享

別人都不知道如何好好用我？

主要觀念

讓人知道你的好
就能使用你的好

2020 年新冠疫情爆發，許多熟悉的音樂家朋友，都因而被迫終止了所有線下實體演出。

因為自己長期主持大大小小音樂分享或記者會，加上有許多線上直播和課程進行經驗，所以好友音樂家們，就希望我能幫他們在線上分享，以彌補線下不能實體演出的缺憾。

而我的「郝聲音」Podcast，就在這樣子的因緣際會之下應運而生。

雖然起初只是以音樂起始，尤其著重在關係頗深的台北市立國樂團，以及以弦樂知名的「灣聲樂團」為主。

但是後來慢慢地被許多藝術家看見、聽見，就延伸到現代舞、歌仔戲及地方戲曲、京劇崑曲、舞台劇、繪畫雕塑等各種多元的藝術表現。

甚至後續包含各行各業的專業人物知識及經歷分享、作者新書導讀，以及公益事蹟推展，凡是能夠讓世界變「好」的事物，我們就用「聲音」在「郝聲音」Podcast 裡發聲，讓大家用耳聽見、用心看見，把幸福和美好讓大家遇見。

簡單來說，那時候的想法就是——
持續不斷讓別人見到，
才有機會讓別人知道。

記得有次訪問一位我非常仰慕的現代舞表演藝術家，他說這麼多年來，除了自己創作不勝枚舉的作品之外，也輔導非常多年輕學子，孕育很多不凡舞作。

只是他心裡還是有一絲絲遺憾，就是這麼多好作品，但每次演出票房卻都不盡如人意。

出於好奇以及想要欣賞並分享這些舞作給大眾的念頭，我就請教這位藝術家：「老師，請問在哪個平台上，可以欣賞到這些舞蹈作品？」

沒想到老師搖搖頭告訴我說：「這些作品的錄影檔案，都在電腦裡面沒有公開。」

「為什麼沒有公開讓大家欣賞？」我問。

「如果大家都在網上看到作品，那以後誰還會進到表演廳裡面看我們表演？」老師似乎對我的問題極度不解的反問。

「那……周杰倫和五月天的歌曲，不也都是在網路上面讓大家免費欣賞，但是演唱會的售票，也是一出來就秒殺？」我疑惑的問老師。

「嗯……好像也是……」老師若有所思的回答我。

這也就是這麼幾年下來，似乎每次只要「郝聲音」Podcast 有在節目中大力推薦的演出，在售票上面一定或多或少會有一些成績的推升。

畢竟，

別人必須知道你的好，

別人才能買單你的好。

先不說藝術家，就連「郝聲音」Podcast 一開始錄播的前面幾個月，每次收聽人數也只不過是小貓兩三隻。

到如今三年多的時間，不管是我的企業內訓、演講、FB、IG，以及各種公開出席場合，我都會把「郝聲音」Podcast 的好內容，以及價值讓大家知道。

所以才會從寥寥幾個人的聽眾，變成如今每集至少數千人甚至衝破萬人的收聽數；並從台灣延伸到國際幾十個國家。

就像很多人跟我說，《三國演義》裡面的諸葛亮是一位淡泊名利的智者，所以才會有劉備三顧茅廬的故事。

我說，拜託好不好，諸葛亮肯定是個行銷大師。

想想看，諸葛亮，出生成長在山東臨沂市的沂南縣，這個地方我在淡馬錫集團工作的時候還特別去拜訪，是個非常偏僻的小地方。

但是，諸葛亮，字孔明，世稱臥龍，不僅連品牌名稱「臥龍」都有了，還能夠在這麼個不起眼的地方，讓劉備不辭辛勞的三顧茅廬。

那肯定是大家都知道諸葛亮的「好」，才能讓他聲名遠播，讓別人知道用了他，會變得更好。

究其原因，就是因為諸葛亮除了學問淵博，自比管仲、樂毅之外，更是多方結交名士，樂於分享所學所聞，所以才能夠讓天下人從不斷地「追蹤」、「按讚」、「訂閱」、「分享」，到最後連劉備都成為他的「粉絲」。

讓人知道你的好，
就能使用你的好。

所以，不僅是音樂家或是藝術家，甚至很多我周遭的職場工作朋友們，常常會不時地慨嘆:「公司怎麼都不知道我的好？老闆怎麼都不知道如何好好用我？」

我就會說，那就試著去——
讓人知道你的好，
就能使用你的好。

這時候就會有人問：「怎麼讓別人知道我的好？」

兩個最簡單的方式：
幫助他人，
樂於分享。

只要能夠「幫助他人」，一定就是能力展現的時候；讓自己能夠把能力展現在別人需要的地方，不就是讓別人知道自己最好的時刻？

只要能夠「樂於分享」，一定就是幸福連結的時候；讓自己能夠把幸福連結在別人需要的地方，不就是讓別人知道自己最好的時刻？如此——

讓人知道你的好，
就能使用你的好。

思考練習

舉出自己最值得驕傲的能力，並試著列出三到五種方式，讓自己透過自己的能力幫助他人使別人擁有幸福感。

0HDC0112

人生成為：突破自我設限的成就力

作者 · 封面繪圖 / 郝旭烈

責任編輯 / 高佩琳　**封面設計** / FE 設計　**內頁排版** / 鏍絲釘

總 編 輯：林麗文
主　　編：林宥彤、高佩琳、賴秉薇、蕭歆儀
執行編輯：林靜莉
行銷總監：祝子慧
行銷企劃：林彥伶

出　　版：幸福文化 / 遠足文化事業股份有限公司
地　　址：231 新北市新店區民權路 108-3 號 8 樓
粉 絲 團：https://www.facebook.com/happinessnbooks/
電　　話：（02）2218-1417
傳　　真：（02）2218-8057

發　　行：遠足文化事業股份有限公司
地　　址：231 新北市新店區民權路 108-2 號 9 樓
電　　話：（02）2218-1417
傳　　真：（02）2218-1142
電　　郵：service@bookrep.com.tw

郵撥帳號：19504465
客服電話：0800-221-029
網　　址：www.bookrep.com.tw

法律顧問：華洋法律事務所 蘇文生律師
印　　製：呈靖彩藝有限公司

初版一刷：西元 2024 年 9 月
初版五刷：西元 2024 年 12 月
定　　價：430 元

ISBN：978-626-7532-07-2（平裝）
ISBN：978-626-7532-09-6（EPUB）
ISBN：978-626-7532-08-9（PDF）

國家圖書館出版品預行編目(CIP)資料

人生成為／郝旭烈著．-- 初版．-- 新北市：
幸福文化出版社出版：遠足文化事業股份有限公司發行，
2024.09　面；　公分．--（富能量；112）
ISBN 978-626-7532-07-2(平裝)

1.CST: 職場成功法 2.CST: 自我實現 3.CST: 生活指導

494.35　　　　　　113010478